国家科技竞争力报告

The Report on National Science and
Technology Competitiveness

优化科技战略布局
塑造科技竞争优势

2023

主　编：陈凯华
副主编：张超　杨捷　寇明婷

中国财经出版传媒集团
经济科学出版社
Economic Science Press

图书在版编目（CIP）数据

国家科技竞争力报告 . 2023：优化科技战略布局，
塑造科技竞争优势/陈凯华主编；张超，杨捷，寇明婷
副主编 . －－北京：经济科学出版社，2023.4
ISBN 978－7－5218－4690－4

Ⅰ. ①国…　Ⅱ. ①陈…②张…③杨…④寇…　Ⅲ.
①科技竞争力－研究报告－中国－2023　Ⅳ. ①G322

中国国家版本馆 CIP 数据核字（2023）第 064267 号

责任编辑：崔新艳
责任校对：李　建
责任印制：范　艳

国家科技竞争力报告（2023）

——优化科技战略布局，塑造科技竞争优势

主　编　陈凯华

副主编　张　超　杨　捷　寇明婷

经济科学出版社出版、发行　新华书店经销

社址：北京市海淀区阜成路甲 28 号　邮编：100142

经管中心电话：010－88191335　发行部电话：010－88191522

网址：www. esp. com. cn

电子邮箱：espcxy@ 126. com

天猫网店：经济科学出版社旗舰店

网址：http：//jjkxcbs. tmall. com

北京季蜂印刷有限公司印装

710×1000　16 开　11.25 印张　200000 字

2023 年 7 月第 1 版　2023 年 7 月第 1 次印刷

ISBN 978－7－5218－4690－4　定价：60.00 元

内 容 简 介

　　《国家科技竞争力报告（2023）》包括主题报告（第一章）和技术报告（第二章至第九章）两部分。主题报告聚焦"优化科技战略布局，塑造科技竞争优势"展开系统分析，面向科技竞争新格局形成我国科技战略思考。技术报告基于国家科技竞争力内涵、外延的分析，从国家科技竞争实力、国家科技竞争效力和国家科技竞争潜力三个维度构建了国家科技竞争力测度框架，对世界34 个国家进行了国际比较，并将中国与其他金砖国家、中国与科技强国进行比较分析，全方位、多视角揭示中国国家科技竞争力结构与全球科技竞争格局演化。

　　本书有助于政产学研人员和社会公众了解国家科技竞争力演进和全球科技竞争格局，可供各级政府相关部门决策和政策制定参考。

国家科技竞争力报告（2023）
编 委 会

前　言

　　2016年，中共中央、国务院颁布实施《国家创新驱动发展战略纲要》，提出"到2050年建成世界科技创新强国"的创新驱动发展战略目标。党的十九大报告提出在全面建成小康社会的基础上，分两步走在本世纪中叶建成富强民主文明和谐美丽的社会主义现代化强国目标，相应地对教育强国、科技强国、人才强国建设作出战略部署。党的二十大报告进一步强调未来五年我国要提升科技自立自强能力，构建新发展格局。面对百年未有之大变局，国家科技竞争力是把握新技术革命和产业变革，应对全球政治、经济、社会和环境发展面临的重大挑战，争取国际竞争格局重构主动权的关键力量，成为社会各界普遍关注的焦点问题。在党的二十大精神指导下，迫切需要对如何优化科技战略布局以塑造科技竞争优势进行分析，并在此基础上对国家科技竞争力进行评估跟踪，为我国应对百年变局、抓住赶超机遇、加快科技强国建设提供支撑。

　　《国家科技竞争力报告（2023）》第一章为主题报告，第二章至第九章为技术报告。第一章主题报告围绕"优化科技战略布局，塑造科技竞争优势"展开，聚焦世界科技竞争格局态势，分析了科技革命视角下世界科技竞争格局演进历程，提出影响世界科技格局变化的国家发展优势和国际发展环境等内部与外部作用力。主题报告结合美国、日本、韩国等国家的崛起现实，构建了国家科技追赶框架，回顾了世界科技格局变化中典型国家科技追赶战略，分析了国际环境背景下我国科技战略选择，结合新一轮科技革命和产业变革以来的世界科技发展环境变化与国家战略部署，最后总结形成了面向世界科技竞争新格局的我国科技战略思考，提出以"多种策略并存，能力提升为主"的科技发展战略思路，建议我国加快制定"跟跑"科技加速追赶战略、"优势"科技协同发展战略、"新兴"科技非对称

1

发展战略以及应该重点部署的十大任务。

第二章至第九章的技术报告阐述国家科技竞争力的概念、评估框架和指标体系以及评估过程，对国家间科技竞争力进行全面系统的比较与分析。报告认为，国家科技竞争力是个复合概念，内涵丰富，将其定义为：一个国家在一定竞争环境下，能够更有效地动员、利用科技资源并转化为科技产出的能力，包括国家科技竞争潜力、国家科技竞争效力和国家科技竞争实力三个方面。报告基于科技"投入—过程—产出"的视角构建国家科技竞争力指标体系，用国家科技竞争潜力表征科技资源投入，国家科技竞争效力表征科技运行过程，国家科技竞争实力表征科技成果产出，实现对国家科技竞争力的全视角评估。鉴于不同国家科技发展阶段、科技和经济体量、科技治理成效的不同，在综合比较国家科技竞争力时需要全面考虑各国在国家科技竞争潜力、国家科技竞争效力和国家科技竞争实力方面的表现。报告遴选美国、日本、英国、法国、德国等发达国家以及金砖国家在内的 34 个国家进行国际比较，并具体对特定国家进行了比较分析，力图全面分析世界科技竞争格局以及中国科技竞争力世界相对水平。

本书由中国科学院大学国家创新体系课题组组织研究完成，中国科学院大学公共政策与管理学院、中国科学院科技战略咨询研究院、北京科技大学经济管理学院相关研究人员合作研究撰写。主编陈凯华负责报告的总体设计以及重要概念、指数框架、指标体系、分析方法的确定和研究结果的呈现。具体分工如下：陈凯华和杨捷负责第一章主题报告的内容设计、要点起草与最终统稿工作，其中第一节主要由冯泽、杨一帆、杨捷、郭锐负责撰写，第二节主要由温馨、杨捷、郭锐负责撰写，第三节主要由薛泽华、张超负责撰写，第四节主要由冯卓、杨捷负责撰写，第五节主要由杨捷、张超、郭锐负责撰写。张超和寇明婷负责第二至第九章的组织撰写。具体分工如下：张超和温馨负责第二章的撰写；薛泽华、张欣怡、杜晓明、温梓欣、寇明婷负责第三章的撰写；冯卓、朱浪梅、李秋景、张欣怡、寇明婷负责第四章的撰写；朱浪梅、杜晓明、温梓欣、王硕负责第五章的撰写；王硕、温馨、薛泽华、冯卓负责第六章的撰写；李秋景、温馨、薛泽华、张欣怡、寇明婷负责第七章的撰写；杜晓明、薛泽华、李秋景、张欣怡、寇明婷负责第八章的撰写；温馨、薛泽华、寇明婷负责第九章的撰写。

此外，张超、温馨、冯泽主要负责数据收集、整理、计算以及附录一和附录二的撰写。陈凯华负责报告的统稿工作。国内外相关成果对本报告中指标框架、指标体系、分析方法等主要研究工作具有重要的启发与借鉴作用，在此表示感谢。

国家科技竞争力评价是政府和学术界普遍关注的问题。《国际科技竞争力报告（2023）》是开展国家科技竞争力评价的有益尝试，鉴于评价所涉及的问题复杂多变、学科知识综合以及研究组学识的局限性，不可避免地会存在一些需要进一步研究和解决的问题。我们希望与国内外学界同行及政府管理部门加强合作，不断地加强国家科技竞争力理论和评价实践研究。

国家创新体系课题组
2023 年 4 月

目　　录

第一章

优化科技战略布局，塑造科技竞争优势

在新一轮科技革命和产业变革的加速演进以及中美摩擦、新冠肺炎疫情和俄乌冲突的深远影响下，世界政治、经济、科技格局加速重构，科技创新成为影响全球经济社会发展格局和竞争格局的关键变量，世界各国均把科技发展放在更加重要的位置。面对国际国内发展新环境，调整优化我国科技战略布局、加快塑造科技竞争新优势，对于推动我国经济社会的高质量发展、构建新发展格局、有效应对国际科技竞争和挑战具有重要作用。

第一节　世界科技竞争格局的演进与影响因素分析

世界科技竞争格局是国家在科技竞争能力或水平上的一种相对状态。中美科技脱钩不断加剧以及新冠肺炎疫情和俄乌战争等重要事件的发生，使全球经济秩序和政治关系受到严重冲击，世界科技竞争格局也正在发生变化。把握世界科技格局变化，识别未来世界科技竞争格局的影响因素，对于我国应对百年未有之大变局、抓住赶超机遇、加快建设世界科技强国具有重要战略意义。

一、科技革命视角下世界科技竞争格局演进

18 世纪以来，伴随着工业革命，世界发生了三次科技革命，每一次都深

刻影响了世界科技竞争格局[1]。第一次科技革命造就了英国的"霸主"地位，第二次科技革命推动了德国与美国的崛起，第三次科技革命奠定了"一超多强"的新格局。当前，新一轮科技革命正在深入进行，为后发国家的科技追赶超越和世界科技竞争格局的重塑提供了重要机遇。

1. 第一次科技革命开启人类工业化时代，推动英国成为世界第一个科技强国

第一次科技革命开始于 18 世纪 60 年代，人类由此从几千年的农业时代进入了工业时代，开启了人类社会现代化历程。通过第一次科技革命，英国科技实力得到极大增强，迅速成长为世界科技与经济强国。在第一次科技革命的推动下，19 世纪英国的国民生产总值增长了约 13 倍。19 世纪初，英国按其人口、国土和自然资源的规模，仅应占有世界财富的 4% 以下，但其实际上掌握了世界财富的 25%[2]。英国凭借其在科技和工业生产上的领先地位，在世界科技格局中脱颖而出，成为当之无愧的"霸主"。第一次科技革命的成果推动了法国、德国、欧洲等国家的工业化发展，也逐渐影响北美，拉开了世界工业化的序幕。18 世纪末和 19 世纪初，法国和美国先后开始工业革命。在亚洲，19 世纪 60 年代，中国"师夷长技以制夷"的洋务运动的开始，工业革命成果被引入中国。

2. 第二次科技革命开启电气时代，推动德国、美国科技快速发展与国家崛起

第二次科技革命发生于 19 世纪中后期，以电的发明和广泛应用为标志。第二次科技革命带来了大规模电力应用所催生的劳动分工和规模化生产[3]。在第二次科技革命中，掌握先进的科学技术成为某一国家抢占发展先机的关键。德国和美国积极改革创新，大胆引进、借鉴和运用世界先进科学技术成果，并结合本国实际情况，通过发挥自身优势，及时抓住了第二次科技革命的历史机遇，成为科技革命中的"双星"。通过第二次科技革命，德国迅速成长为欧洲大陆的第一强国，在尖端科技领域（特别是化学领域）取得的科技成果支撑

① 中国科学院. 科技强国建设之路 [M]. 北京：科学出版社，2018.
② 王怀宁. 经济信息化的新时代 [M]. 北京：中国社会科学出版社，1997.
③ 张杰. 推动科技与产业新一轮"同频共振"[J]. 科学中国人，2019（14）：3.

其成为继英国、法国之后的世界科技中心①。美国基于电力技术发明及电力工业体系的迅速兴起，实现了经济腾飞和追赶。1894 年，美国工业生产跃居世界首位，占世界工业总产值的三分之一②。在亚洲，日本通过"明治维新"跟上了第二次科技革命的步伐。英国受到其固有工业体系惯性以及巨大变革成本的影响，因缺乏技术创新动力而被美国、德国赶超。法国则受普法战争落败的影响，失去了引领第二次科技革命的机遇。

3. 第三次科技革命使人类进入信息化时代，推动美国成长为世界超级科技强国

第三次科技革命开始于 20 世纪四五十年代，以电子计算机为代表的一批高新技术得到发展和广泛运用，20 世纪六七十年代开始，因特网的发展带来信息化的革命。第三次科技革命中，基础科学的突破有力推动了技术创新，社会需求进一步拉动了科技进步，催生了体量巨大的新兴产业，推动经济发展模式从工业经济转向知识经济③。第二次世界大战期间，美国形成了以政府、大学、企业三者伙伴关系为特点的科技创新体系。二战结束之后，美国仍然重视发展科技，美国通过大规模支持科学研究，采取积极措施促进科学技术的发展，构建形成了以实现国家目标、解决人类面临的共同问题为导向与以自由探索为导向协调发展的国家科研体系。通过第三次科技革命，美国逐渐成长为世界超级科技强国。英国、法国、德国效仿美国，构建紧密合作的国家科研体系，大力推动科学和技术的发展④。在亚洲，日本和韩国为了促进科技发展，构建形成了国家创新系统。凭借着其高效的国家创新体系，日韩迅速崛起成为亚洲强国。

4. 新一轮科技革命正在重塑世界科技竞争格局，为后发国家的追赶超越提供了机会之窗

当前，全球新一轮科技革命和产业变革方兴未艾，科技创新正加速推进，并成为重塑世界格局、创造人类未来的主导力量。例如，以人工智能、量子信

①　Yuasa M. Center of Scientific Activity：Its Shift from the 16th to the 20th Century ［J］. Japanese Studies in the History of Science，1962，1（1）：57 – 75.

②　中国科学院. 科技强国建设之路 ［M］. 北京：科学出版社，2018.

③　方新. 中国可持续发展总纲（第16卷）：中国科技创新与可持续发展 ［M］. 北京：科学出版社，2007.

④　潘教峰，刘益东，陈光华，等. 世界科技中心转移的钻石模型——基于经济繁荣、思想解放、教育兴盛、政府支持、科技革命的历史分析与前瞻 ［J］. 中国科学院院刊，2019，34（1）：14 – 19.

息、移动通信、物联网、区块链为代表的新一代信息技术正加速突破应用，以合成生物学、基因编辑、脑科学、再生医学等为代表的生命科学领域不断孕育新的变革，以 ChatGPT 为代表的新一代人工智能的突破正在给科技与产业带来颠覆性的影响，带来新的科技和产业竞争。新一轮科技革命和产业革命的深入进行为世界科学中心的转移和国际科技竞争格局的调整提供了机遇[1]。美国虽然是信息技术革命发源地，但随着新一轮科技革命与产业变革在全世界范围内的大规模扩散以及经济全球化的深入推进，一大批发展中国家获得快速发展的机遇[2]，分布在美国、西欧和日本的科技创新优势已扩展到发展中国家[3]，后发国家获得了追赶超越的发展机会。与此同时，美国、欧洲、日本、韩国等都加速国家创新体系结构和治理的改革，以应对新一轮科技革命带来的科技竞争。

二、影响世界科技格局变化的因素

世界科技格局的变化体现在各国国家科技竞争力格局变化上。国家科技竞争力格局的变化是个复杂的过程，综合来讲，受到国际发展环境的外部冲击和国家发展优势的内部支撑（见图 1-1）。提升国家科技竞争力，改变世界科技格局，一方面需要充分把握国际发展环境变化所带来的发展机遇，另一方面也要充分发挥国家发展优势，充分抓住带来的科技发展机遇。具体而言，国际发展环境是世界科技格局变化的外部作用力，包括重大科技突破、重大经济事件、重大政治事件和重大公共事件等，这些外部冲击将会影响国家科技战略布局，导致国家科技竞争力的变化。国家发展优势是世界科技格局变化的内部支撑力，主要包括国家的经济基础、科技人才、制度环境、创新文化、基础设施、资源禀赋等与国家科技竞争力形成密切相关的作用因素。一个国家可以通过有效把握国际发展环境和有效利用国家发展优势，把握科技发展机遇，提升国家科技竞争力，实现其在世界科技格局中地位的提升。

---

① 习近平. 努力成为世界主要科学中心和创新高地［N］. 求是，2021 - 03 - 16.

② 杨长湧. 新一轮科技革命发展趋势及其对世界经济格局的影响［J］. 全球化，2018（8）：25 - 38，133.

③ WIPO. Global Innovation Index 2021：Tracking Innovation through the COVID - 19 Crisis［R］. Geneva：World Intellectual Property Organization，2021.

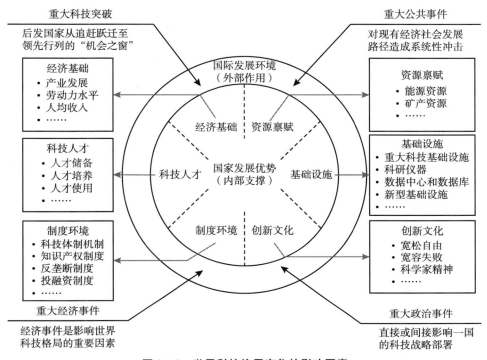

图 1-1 世界科技格局变化的影响因素

1. 影响国际发展环境的因素——世界科技格局变化的外部作用力

国际发展环境的变化会带来对世界科技格局的外生冲击。充分把握外部变化的国际发展环境带来的追赶机遇,是一国在世界科技竞争格局重塑中实现"弯道超车"的重要机会。历史经验表明,影响国际发展环境变化的主要因素包括重大科技突破、重大经济事件、重大政治事件、重大公共事件等。

重大科技突破。科技的重大突破,特别是新兴科技的重大突破,能够直接影响国家科技竞争力。从世界近代史看,世界格局中处于中心地位的国家均是抓住了科技革命和产业变革的机遇,推动了新科技突破,进而在世界科技竞争中占领了先机。当前以智能化、网络化、数字化为核心的新一轮科技革命正在构筑全球科技竞争新态势,以人工智能、量子计算等为代表的新型数字技术浪潮以及由 ChatGPT 引发的生成式人工智能技术带来新的"科技奇点",正在成为科技革命中重大科技突破点。

重大经济事件。经济事件是影响世界科技格局变化的重要因素。重大经济事件（如金融危机和贸易竞争）为国家科技发展带来新的挑战与机遇，进而影响世界科技竞争格局的变化。当前逆全球化思潮和贸易保护主义的抬头威胁全球产业链供应链的安全，世界各国为了提升应对逆境危机的能力，纷纷加强科技前瞻布局，加大科技研发投入强度，力图提升本国科技自主创新能力以及应对国际经济发展不确定性能力。

重大政治事件。重大政治事件直接或间接影响一国的科技战略部署，影响国家在技术投入、军事研发、政府采购、高端制造、人才培养等方面的安排，对国家科技资源配置、科技发展战略与科技发展路径等都会造成一定影响[①]。近年来，中美科技脱钩对两国科技发展均造成了不同程度的影响，美国针对中国在先进技术领域发起的"精准脱钩"战略刺激中国在"卡脖子"等关键技术领域加快实现原创性突破与科技自立自强。同时，美国对科技领域合作的极端限制极大地阻碍了国际科技合作[②]，一定程度上也会影响国家科技战略和竞争格局。

重大公共事件。全球性的公共事件会对现有经济社会发展路径造成系统性冲击，导致不同科技领域的需求与应用发生变化，一定程度上也会改变世界科技竞争格局。新冠肺炎疫情期间，国际贸易往来、人才流动与科技交流都受到阻碍，进而影响了一国参与全球经济发展的能力[③]，影响了科技创新发展模式、路径和动力。同时，应对新冠肺炎疫情也对科技发展提出了更高需求。在抗击疫情的过程中，生物医药技术、数字技术等获得长足发展，为新一轮科技革命下的国家竞争提供了新赛道，推动了全球科技创新能力的东升西降，促进了世界科技多极化格局的形成。

2. 影响国家发展优势的因素——世界科技格局变化的内部支撑力

国家发展优势是国家在科技发展上拥有的多方面优势，可为抓住国家科技发展机遇提供多样化、系统性支撑。世界各国通过有效发挥本国发展优势推动

① 姚汝焜，金灿荣. 百年大变局下美国对华战略竞争逻辑和实践［J］. 世界经济与政治论坛，2023，357（2）：41－70.
② American Academy of Arts & Sciences. America and the International Future of Science ［R］. Cambridge：American Academy of Arts & Sciences，2020.
③ 林跃勤，郑雪平，米军. 重大公共卫生突发事件对"一带一路"的影响与应对［J］. 南京社会科学，2020（7）：7－17.

国家科技竞争力的变化，从而改变世界科技格局。本报告结合典型国家的科技追赶历程，认为影响世界科技格局变化的内部作用力主要源于一国的经济基础、科技人才、制度环境、创新文化、基础设施、资源禀赋等优势。

经济基础。经济基础是科技发展的条件基础和环境基础，是支撑一个国家提升国家科技竞争力，重塑世界科技格局的基础性因素。经济因素（如产业发展、劳动力水平、人均收入、金融发展等）在一定程度上影响科技投入、产出和效率，进而影响国家科技竞争力[1]。《国家创新发展报告》表明，经济规模较大的国家，其创新实力通常较高，而经济发展水平较高的国家创新效力通常较高[2]。经济较为发达的国家，往往能够凭借雄厚的经济基础，为科学研究提供更多的经费支持和发展场景。

科技人才。科技人才是国家核心竞争力的来源，是科技进步的核心要素[3]，直接关系着国家科技发展潜力。美国、日本、韩国等国的科技追赶经验表明，在国家科技竞争中，隐性知识对科技的发展、突破及形成科技优势具有关键作用[4]。高水平科技人才是隐性知识的重要载体，是推动科技追赶并赢得竞争优势的重要因素[5]。党的二十大报告明确提出，人才是第一资源，要坚持教育优先发展、科技自立自强、人才引领驱动，全面提高人才自主培养质量，着力造就拔尖创新人才，聚天下英才而用之。

制度环境。制度是推进科技发展的重要工具[6]，是国家创新体系有效运作的保障。良好的科技体制机制能够促进要素的有效配置与应用，是科技发展、扩散与应用动力和活力的保障。更广义来讲，知识产权制度、反垄断制度、投融资制度等在大国科技创新能力提升过程中均发挥了重要作用[7]。当前，优化

① Katz J M. Domestic Technology Generation in LDCs： A Review of Research Findings. In： Katz J M （ed）. Technology Generation in Latin American Manufacturing Industries ［M］. London： Palgrave Macmillan， 1987： 13 − 55.

② 穆荣平，陈凯华. 2021 国家创新发展报告 ［M］. 北京：科学出版社，2022.

③ 魏浩，王宸，毛日昇. 国际间人才流动及其影响因素的实证分析 ［J］. 管理世界，2012 （1）： 33 − 45.

④ 柳卸林，高雨辰，丁雪辰. 寻找创新驱动发展的新理论思维——基于新熊彼特增长理论的思考 ［J］. 管理世界，2017，291 （12）： 8 − 19.

⑤ Kenney M，Breznitz D，Murphree M. Coming Back Home after the Sun Rises： Returnee Entrepreneurs and Growth of High Tech Industries ［J］. Research Policy，2013，42 （2），391 − 407.

⑥ 李哲. 科技创新政策的热点及思考 ［J］. 科学学研究，2017，35 （2）： 177 − 182，229.

⑦ 王昌林，姜江，等. 大国崛起与科技创新——英国、德国、美国和日本的经验与启示 ［J］. 全球化，2015 （9）： 39 − 49，117，133.

完善激发创新意识、保障创新环境、鼓励创新行为的制度环境已成为新时期提升国家科技竞争力的重中之重，我国更是提出新型举国体制来保障国家创新体系整体效能的提升。

创新文化。开放、包容、自由、冒险的创新文化是引导创新方向、激发创新潜力的重要因素，是科学家创造力最持久的内在源泉，对于推动科技创新发展具有关键性作用①。在国际开放创新力度不断增强的环境下，实现高水平创新驱动发展，解放思想和崇尚创新文化是必不可少的重要前提②。党的二十大报告指出，完善科技创新体系要培育创新文化，弘扬科学家精神，涵养优良学风，营造创新氛围。

基础设施。基础设施是一国开展科技创新活动的基础支撑，完善的基础设施有利于提升国家科技创新的能力、质量与效率③。重大科技基础设施和科学仪器是国家争夺科技发展先机和占领新科技革命发展制高点的重要依托力量④，科研数据中心和数据库是国家开展重大科研活动和传播科技成果的重要基础性平台，新型基础设施（主要指新一代信息基础设施，包括网络设备、智能设备和数据中心等）是国家科技活动的重要支撑设施。

资源禀赋。资源禀赋意为一国所拥有各类要素的富集程度，包括与科技创新相关的人力、物力、财力、知识、信息等通用资源，也包括能源资源、矿产资源等开展科技创新的基础性资源。丰裕的资源有利于一国经济增长⑤，能够为科技创新能力提升提供坚实的基础保障。另一方面，资源禀赋在一定程度上也影响了一国科技创新的方向，有助于形成有特色的技术领域，实现在特定领域内的科技创新能力突破，进而强化国家科技竞争优势。

① Jang Y，Ko Y，Kim S Y. Cultural Correlates of National Innovative Capacity：A Cross-national Analysis of National Culture and Innovation Rates［J］. Journal of Open Innovation：Technology，Market，and Complexity，2016，2（4）：23.

② 潘教峰，刘益东，陈光华，张秋菊. 世界科技中心转移的钻石模型——基于经济繁荣、思想解放、教育兴盛、政府支持、科技革命的历史分析与前瞻［J］. 中国科学院院刊，2019，34（1）：10-21.

③ 谷斌，廖丽芳. 新基建投入与科技创新能力耦合协调发展水平测度及时空演进［J］. 科技进步与对策，2022：1-11.

④ 刘庆龄，曾立. 国家重大科技基础设施的功能性质与建设策略［J］. 科学管理研究，2023，41（2）：35-44.

⑤ 邵帅，杨莉莉. 自然资源丰裕、资源产业依赖与中国区域经济增长［J］. 管理世界，2010（9）：26-44.

第二节　世界科技格局变化中典型
国家科技追赶战略选择

国家科技追赶是科技水平相对落后的后发国家缩小与先发国家差距的过程，是后发国家实现科技创新能力快速提升的主要途径。美国、日本、韩国等都是通过国家科技追赶战略实现科技崛起，进而实现了在世界科技格局中地位的提升。

一、国家科技追赶的阶段划分与主要特征

国家科技追赶战略在美国对英国的追赶、日本对美国的追赶以及韩国对西欧国家的追赶过程中发挥了重要作用，有效支撑美国、日本、韩国实现了跨越式发展。美国、日本、韩国科技追赶轨迹并不完全相同，但是从创新的角度来看，后发国家在实现追赶的过程中，都是从最开始的引进、消化、模仿、再创新，逐渐转变到集成创新，最终的目标是增强原始创新能力[①]。本报告基于动态视角，结合美国、日本、韩国等国家的崛起实践，按照后发国家科技水平与世界先进科技水平之间的差距大小，将科技追赶进一步分为"追赶前期""追赶中期""追赶后期"三个阶段（见图 1-2）。

追赶前期是后发国家进行追赶的起步阶段，主要进行科技的引进和消化。在此阶段，后发国家科技水平远远低于世界先进科技水平。由于其科技基础薄弱且全社会可投入科技发展中的资源匮乏，后发国家追赶效率较低，其科技水平显著提升需要较长时间。这一阶段，后发国家大多借鉴先发国家经验，建立本国的科技建制化队伍，重视大众化科学教育，在全社会营造尊重崇尚科技文化的良好氛围。在这一阶段，后发国家的科技主要从先发国家引进，研发经费主要来自政府，高校及科研机构的科研水平相对较低，主要跟踪和模仿先发国

---

　　① Malerba F，Lee K. An Evolutionary Perspective on Economic Catch-up by Latecomers［J］. Industrial and Corporate Change，2021，30（4）：986-1010.

家科技工作①。

追赶中期是后发国家快速追赶的阶段，主要进行科技的模仿和再创新。在此阶段，后发国家的科技水平获得大幅提升，但是仍然低于世界先进科技水平，不过追赶效率较高，与世界领先国家之间的差距在短时间内会不断缩小。由于后发国家的本土科技能力有了较大提升，而且科技为其经济发展提供的支撑作用越来越重要，因此后发国家逐步重视技术研发。然而，这一阶段的科技主要源于对先发国家的模仿和改良，本土自主创新能力仍存在差距，国家科技战略更多侧重技术层面，主要通过多种技术政策、金融政策推动国家产业升级②。

追赶后期是后发国家实现追赶超越的关键阶段，主要进行科技的自主创新，重视原始创新。在此阶段，后发国家的科技水平接近世界先进科技水平，在一些领域甚至领先世界科技发展水平，但其追赶效率逐渐变低。这一阶段，后发国家需要通过提升其原始创新能力实现科技水平的提升。这一时期各国主要通过制订长期科技规划、实施大型研发计划、建设大型科学基础设施等多种方式推动培养本国科技自主创新能力，构建高效的国家创新系统，提高国家科技自主创新水平。

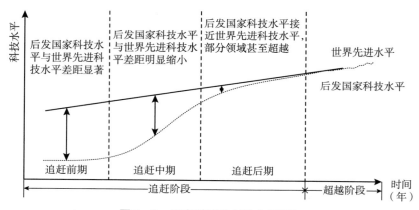

图1－2　国家科技追赶的分析框架

①　Kim L. Stages of Development of Industrial Technology in a Developing Country：A Model［J］. Research Policy，1980，9（3）：254－277.

②　Fagerberg J，Srholec M. National Innovation Systems，Capabilities and Economic Development［J］. Research Policy，2008，37（9）：1417－1435.

二、美国科技追赶与战略选择回顾

美国是当前世界头号科技强国和全球科学中心，但在第二次世界大战前，欧洲的科技水平无论从科技成果产出上还是科技教育水平上都远超美国。美国自南北战争结束之后就开启全面追赶，第二次世界大战后，美国在世界范围内建立起明显的科技优势。美国科技追赶历程可大致分为以下三个阶段。

1. 追赶前期：强化科技发展基础建设

在追赶前期（19 世纪 60 年代至 90 年代），美国不断健全科技要素，建设建制化的科研体系。在南北战争以后，美国逐步强化科技发展基础建设，建设了一批政府所属的科研机构，如海岸测量局（1807 年）、海军天文台（1842 年）等。与此同时，美国也积极从英国等欧洲国家引进技术和人才，培育了一批一流的研究型大学。1862 年，美国政府颁布《莫里尔法案》，要求各州政府支持辖下大学的发展[①]。1863 年，美国国家科学院（NAS）成立，有效提升了政府科技决策能力[②]。这一时期，美国效仿德国教学和科研相结合的大学办学模式，创建康奈尔大学、约翰·霍普金斯大学和芝加哥大学等一批顶尖研究型大学。追赶初期的一系列强化科技发展的基础措施有效提升了美国科技发展能力。

2. 追赶中期：引进先进技术和高效管理体制

在追赶中期（19 世纪 90 年代至 20 世纪前十年），美国持续引进欧洲先进科学技术，学习高效管理体制，逐渐构建了本国独立自主的科技体系。美国牢牢抓住 19 世纪 70 年代电力工业革命的机遇，在全社会各行业实施电力化改造，推进"流水线"生产模式，大幅提高了社会生产力[③]。这一阶段，美国鼓励企业设立实验室，学习欧洲高效的研究机制，有效提升了国家科技自主创新能力。同时，美国政府成立国家标准局（NBS），指导并协调美国企业进行技术研发；美国企业（如柯达、通用电气、杜邦、贝尔电话系统等）纷纷效仿

---

　　① Reynolds T S. The Education of Engineers in America before the Morrill Act of 1862 ［J］. History of Education Quarterly，1992，32（4）：459 – 482.

　　② 樊春良. 美国是怎样成为世界科技强国的 ［J］. 人民论坛·学术前沿，2016，（16）：38 – 47.

　　③ 樊春良. 建立全球领先的科学技术创新体系——美国成为世界科技强国之路 ［J］. 中国科学院院刊，2018，33（5）：509 – 519.

德国化工企业自建研发实验室。这些举措有效促进了工业技术的研发与推广，推动美国在大规模工业生产方面逐渐成为世界领导者①。

3. 追赶后期：多措并举实现科技追赶超越

在追赶后期（20世纪前期至50年代），美国政府加大了对科技研发的投入，特别是加大了对国防领域科技研发的扶持力度。美国利用较晚参战的优势，以军事援助的形式换取欧洲国家雷达技术、青霉素技术等先进科技成果②。同时，美国针对科技人才出台专门政策，成立"阿尔索斯突击队"，寻找德国、意大利等国的优秀科学家③，并专门制订科技人才计划，引进优秀人才④；启动曼哈顿计划等大科学计划，将政府、高校和企业研发机构紧密联系在一起，形成了独特高效的科技创新体系。二战以后，美国政府开始成为美国科技发展的主要出资者，逐步加强科技政策制定，支撑美国科技引领全球⑤，实现科技超越⑥。

三、日本科技追赶与战略选择回顾

日本与欧美国家相比，经济和科技发展起步较晚，并在第二次世界大战中受到重创，但是战后数十年的追赶，使其在经济层面和科技层面快速跻身世界强国。这一过程中其形成的独特高效的国家创新系统引起众多学者及各国政府机构的关注⑦。日本的科技追赶大致可分为以下三个阶段。

1. 追赶前期：发展教育，奠定科学技术发展基础

在追赶初期（1945年至20世纪50年代），二战后日本国力恢复期间首先发展职业教育，日本政府实行了"第二次教育改革"，把振兴科学技术作为重

————

① 关成华. 美国建设创新强国之路的镜鉴 [J]. 人民论坛·学术前沿，2020，(20)：63-71.

② 樊春良. 美国是怎样成为世界科技强国的 [J]. 人民论坛·学术前沿，2016，(16)：38-47.

③ 郑永彪，高洁玉，许睢宁. 世界主要发达国家吸引海外人才的政策及启示 [J]. 科学学研究，2013，31 (2)：223-231.

④⑥ 秦铮. 美国建设世界科技强国的经验及对我国的启示 [J]. 创新科技，2022，22 (3)：81-92.

⑤ 樊春良. 美国技术政策的演变 [J]. 中国科学院院刊，2020，35 (8)：1008-1017.

⑦ Freeman C. Technology, Policy, and Economic Performance: Lessons from Japan [M]. London; New York: Pinter Publishers, 1987.

要国策，颁布了一系列关于提高科学技术人员质量和数量的法案①；同时，恢复科技研究机构，进一步学习西方科技体制，加强在社会上向民众宣传科学文化思想等，这为日本积累了大量可用人才。二战后日本教育快速发展，科研人员迅速增加，为日本经济恢复和科技追赶做出了巨大贡献，有效支撑日本于1968年超越德国，成为世界资本主义国家中第二经济大国。

2. 追赶中期：贸易立国，积极引进产业先进技术

在追赶中期（20世纪60~70年代），日本大力引进科学技术，制定了"贸易立国"的国家发展战略②。通过采取贸易保护措施，日本的技术得到了快速发展，迅速恢复到战前的工业化水平③。从60年代起，日本大量企业开始设立"中央研究所"，加强对引进技术的模仿改良。这一时期日本政府并不直接介入科技事务，而是推出一系列产业政策等来持续改善产业环境④。研究机构和高校这一时期主要承担短期内难以产生经济效益、企业没有动力去投入的公益性基础研究活动，有效填补了企业研发的缺口⑤。企业、政府、研究机构和高校在推动科技发展过程中形成了紧密合作，形成了独特高效的国家创新系统机制，有效支撑了国家科技实力的提高⑥。

3. 追赶后期：科技立国，重点培育原始创新能力

在追赶后期（20世纪70年代至90年代），日本政府聚焦核心产业技术，开始强调提升国家自主研发能力⑦，确立"技术立国"国家战略⑧。例如，日本政府开始直接介入科技事务，组织多方面专家开展技术预见，以支撑科技发展规划制定⑨；加强基础研究投入，基础研究经费投入连续多年占到当年全社

① 梁忠义. 战后日本国民经济计划中的教育政策和计划及其实施［J］. 日本教育情况，1980（3）：1-20.
② 王溯，任真，胡智慧. 科技发展战略视角下的日本国家创新体系［J］. 中国科技论坛，2021（4）：180-188.
③ 平力群. 技术经济范式转换与日本国家创新系统的重构［J］. 日本学刊，2015（4）：70-92.
④ 邓元慧. 日本建立科技强国的轨迹和发展战略［J］. 今日科苑，2018（2）：35-46.
⑤ 闫莉. 日本如何依靠科技发展经济［J］. 日本研究，1996（2）：28-32.
⑥ Freeman C. Technology, Policy, and Economic Performance：Lessons from Japan［M］. London；New York：Pinter Publishers，1987.
⑦ 李慧敏，陈光. 日本"技术立国"战略下自主技术创新的经验与启示——基于国家创新系统研究视角［J］. 科学学与科学技术管理，2022，43（2）：3-18.
⑧ 中国科学院. 科技强国建设之路［M］. 北京：科学出版社，2018.
⑨ Kuwahara T. Technology Forecasting Activities in Japan［J］. Technological Forecasting and Social Change，1999，60（1）：5-14.

会研发经费投入的 10% 以上；通过组织和主导超大规模集成电路研发项目（VLSI）、原子能技术开发研究项目等大科学项目，使企业、大学、国立研究机构研究人员合作进行研发，推动了半导体集成电路、核能发电、低能耗汽车等多项高科技产业的发展①。在一系列国家战略实施的基础上，最终形成了集合政府、高校、研究机构和企业等多个创新主体高效协同的国家创新系统，有效支撑了日本的科技追赶②。

四、韩国科技追赶与战略选择回顾

韩国国土面积狭小、资源匮乏，工业和经济基础薄弱，并不具备良好丰富的资本、土地、劳动力等资源禀赋优势，但是自 20 世纪 60 年代开始，韩国在科技和经济领域取得了高速发展，实现了由传统农业国到科技水平发达的创新型国家的快速转变，这与韩国始终坚持引导并培养建立自主科技创新能力有极大关系。韩国科技追赶历程可大致分为以下三个阶段③。

1. 追赶前期：大力发展本国科技力量，引进消化先进技术

在追赶前期（20 世纪 60 ~ 70 年代），韩国重视技术引进模仿，逐步发展本国科技。在此期间，韩国设立中央政府直属的科技部（MOST，1967 年）、建立韩国科学院（1971 年）、韩国海洋开发研究所（1973 年）、韩国船舶研究所（1976 年）、韩国通信技术研究所（1977 年）等研究机构，以培养本国科学技术人才，积累科技发展所需的人才基础。同时，韩国政府颁布《外资引进法》（1966 年）和《科学技术促进法》（1967 年）等法案，为引进国外先进技术提供法律依据，并成立韩国科学与工程基金会（KOSEF，1977 年）等机构，负责识别引进满足本国发展需求的国外先进技术，帮助推广科技成果。一系列举措完善了韩国科技发展机制，有效提升了韩国对技术的引进和消化吸收能力。

---

① 胡智慧，王溯.“科技立国”战略与“诺贝尔奖计划”——日本建设世界科技强国之路 [J]. 中国科学院院刊，2018，33（5）：520 - 526.

② Freeman C. Technology, Policy, and Economic Performance：Lessons from Japan [M]. London；New York：Pinter Publishers，1987.

③ 李丹. 韩国科技创新体制机制的发展与启示 [J]. 世界科技研究与发展，2018，40（4）：399 - 413.

2. 追赶中期：聚焦重点领域技术创新，开启自主创新探索

在追赶中期（20 世纪 80 ~ 90 年代），韩国加强重点领域技术创新，其科技战略由原先的引进消化吸收为主转向技术引进和科技自主创新并立。韩国政府执行"国家研发项目"，有针对性地选择半导体、机械、化工和计算机等对国家经济社会发展具有战略性意义的领域，作为重点自主研发领域进行投入[①]。同时，韩国政府从财政、税收方面给予企业研发活动大力度的补贴，设立"情报综合中心"，为企业进行研发活动提供相关行业技术信息和技术指导[②]。韩国政府支持建立工业技术研究财团，推动企业研发活动。为了抢占市场份额，企业内部研发承担了从基础研究到工艺流程改进到生产的全部环节。通过对重点领域技术创新的支持，韩国有效缩小了与世界领先国家的科技差距。

3. 追赶后期：围绕国家创新系统建设，持续推进自主创新

在追赶后期（20 世纪 90 年代至今），韩国持续深化科技自主创新能力。韩国政府出台《技术开发战略计划》（1993 年）、《面向 2010 年的科学技术发展长期计划》（1995 年）、《科技创新五年计划（1997－2002）》等一系列政策和计划[③]，持续对国家重点发展科技战略领域进行部署规划。韩国于 1997 年颁布《科学技术创新特别法》，为科技自主创新提供了法律保障；同时，特别规定优先采购本国高新技术产品，为本国高新技术产业发展创造良好条件。韩国通过颁布《国家技术创新体系构筑方案》（2006 年）和《国家研发创新方案》（2018 年）等整体性政策法案，有效促进形成了国家创新系统中政府、企业、高校和科研院所之间的良性互动，进一步推动了韩国科技研发与产业发展紧密结合。此外，韩国加大对科技人才的培养引进，加强对青年研究人员的支持，持续优化各类科技人才成长环境[④]，进一步推动国家科技追赶的进程。

---

① 张明喜. 韩国、中国台湾赶超阶段科技投资的特征及其启示［J］. 科技与经济，2012，25（1）：7－12.

② 李丹. 韩国科技创新体制机制的发展与启示［J］. 世界科技研究与发展，2018，40（4）：399－413.

③ ［韩］权五甲. 韩国的高技术发展战略和政策［R］. 走向 2020 年的中国科技——国际中长期科学和技术发展规划，2003.

④ 陈晓晖，丛培鑫. 韩国追赶型科技创新模式中国家制度安排的特点探析［J］. 科技管理研究，2013，33（18）：39－42.

第三节　国际发展环境变化下我国科技战略选择回顾

过去一个多世纪以来，地缘政治、地缘经济和科技创新等国际发展环境发生了根本性变化，影响了世界格局。为应对世界格局变化，我国在不同历史阶段结合自身发展情况选择并制定了不同的科技战略①。回顾中国的发展历程，可以发现，随着国际发展环境的不断变化，我国科技战略的总体部署也不断调整优化（见图 1-3）。

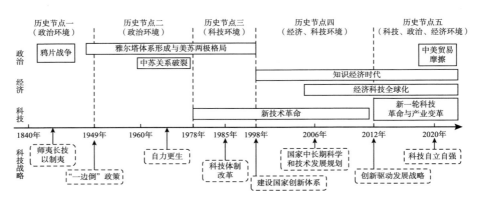

图 1-3　国际发展环境变化与我国科技战略选择（1840～2020 年）

一、救亡图存开启"师夷长技以制夷"路径

18 世纪 60 年代英国率先开始工业革命，生产力与生产关系的变革使西欧向工业社会转变。为了满足不断扩大产品销路的需要，西方资本主义国家加紧了征服殖民地的活动，我国周边国家和邻近地区陆续成为它们的殖民地或势力范围。在这一国际环境下，我国选择"师夷长技以制夷"这一科技战略，以寻求"救亡图存"路径，试图通过学习西方国家"长技"以战胜外国侵略者。第二次鸦片战争之后，我国通过洋务运动引进欧美"坚船利炮"的制造技术，

---

① 薛澜. 中国科技发展与政策（1978～2018）[M]. 北京：社会科学文献出版社，2018.

由此拉开了近代技术向我国大规模转移的序幕。从晚清到民国时期，国外技术向我国的转移从以军事技术为主逐步扩展到纺织、冶金、铁路、电报等产业技术领域。

二、雅尔塔体系下向苏联学习与"自力更生"

二战之后，美苏冷战的开启标志着雅尔塔体系这一资本主义阵营和社会主义阵营对抗的格局逐步形成。在此背景下，我国科技战略的选择受到美苏关系和中苏关系的影响，从"一边倒"政策逐步演化到"自力更生"政策。

1. 向苏联系学习时期（1949～1960年）

新中国成立初期，如何在两种阵营对抗的国际背景下建立外交关系是迫切需要解决的问题。在美国阻止先进技术向中国的转移的国际环境下，我国做出了向苏联"一边倒"、学习苏联先进经验、寻求科技援助的决策。在这一决策之下，我国加速建成了比较完整的工业体系，构建了现代技术体系，填补了尖端技术和科学领域的空白，参照苏联模式进行了院系调整和人才培养，为我国日后的科技发展奠定了坚实的基础①。

2. 中苏交恶背景下我国科技发展的"自力更生"（1960～1978年）

50年代后期，中苏关系交恶，两国技术转移中断，一些重大设计和科研项目被迫中止，这给我国持续、快速提高技术水平带来了挑战，同时也令我国深刻认识到科技自主的重要性。在这一背景下我国出台了《1963—1972年科学技术发展规划纲要》，明确规定自力更生、迎头赶上是发展我国科学技术的总方针。此后，我国在"自力更生"中继续消化吸收从苏联引进的技术，提高自主发展科学技术的能力。

三、迎接新技术革命开展中国科技体制改革

随着第三次技术革命的开展，世界各国纷纷通过发展高技术和新兴产业在未来竞争格局中夺取有利战略地位。改革开放之后，我国紧跟世界科技的发展浪潮，进行了关于迎接新技术革命与我国对策研究的大讨论，逐步开启了科技

---

①　沈志华. 苏联专家在中国：1948－1960［M］. 北京：新华出版社，2009.

体制改革。

1. 关于迎接新技术革命与我国对策研究的大讨论（1978～1985 年）

1978 年 3 月，邓小平在全国科学大会上提出"科学技术是生产力"等重要论断，并通过了《1978—1985 年全国科学技术发展规划纲要》①，迎来了科学的春天。此时以电子计算机为主导的新技术革命极大地改变了发达国家的经济面貌，引起中央领导人的重视。国务院于 1983～1984 年相继召开了两次对策会②，在全国范围内掀起了讨论"新技术革命与我国对策"的热潮。这之后的《国务院关于印发〈新的技术革命与我国对策研究的汇报提纲〉的通知》对讨论成果进行了肯定，并明确指出要进行体制改革试点，拉开了我国科学技术体制改革的序幕。

2. 我国科技体制改革的主要举措与战略背景（1985～1998 年）

1985 年《中共中央关于科学技术体制改革的决定》颁布后，人们对改革的认识进行了两次深化，我国科技体制改革也因此经历了三个阶段。在第一个阶段（1985～1987 年），鉴于美国"战略防御倡议"、欧洲"尤里卡计划"、日本"今后十年科学技术振兴政策"等，我国提出了《高技术研究发展计划（"863"计划）纲要》，强调要跟踪世界先进水平，发展我国高新技术，并以"促进科研机构面向经济建设"为主要思路进行了运行机制改革、人事管理制度改革和组织结构方面的改革。在第二个阶段（1988～1991 年），世界各国均将全社会的科技进步作为增强国力、夺取经济发展制高点的基本发展模式。在这一背景下，党的十三大提出把科学技术和教育事业放在首要位置，再次加强了科技为经济发展服务的要求，促使《国家中长期科学技术发展纲领》产生。在第三阶段（1992～1998 年），国家推动了科技立法（如《科学技术进步法》《促进科技成果转化法》），确立了科教兴国战略，巩固了改革的成果③。

四、知识经济时代国家创新体系建设与完善

从 20 世纪 90 年代末开始，世界从工业经济时代迈向知识经济时代，创造

---

① 薛澜. 中国科技发展与政策（1978～2018）[M]. 北京：社会科学文献出版社，2018.
② 姜振寰. 新中国技术观的重大变革——记 20 世纪 80 年代关于"新技术革命"的大讨论 [J]. 哈尔滨工业大学学报（社会科学版），2004（3）：31－35.
③ 高峰，徐华峰. 进入知识经济时代的美国 [J]. 中国经济信息，1998（10）：10.

知识和应用知识的能力与效率成为影响一个国家综合国力和国际竞争力的重要因素。

1. 经济形态向知识经济转型，开始建设国家创新体系，注重科技进步（1998～2006 年）

在对世界科技发展趋势准确把握的基础上，中国科学院提出"国家创新能力关系中华民族的前途和命运"的判断。1998 年初，国家明确表示"知识经济、创新意识对于我们 21 世纪的发展至关重要"，并批准由中国科学院开展知识创新工程试点，做出了建设国家创新体系的重大决定①。随后，我国在一系列政策文件中不断推进国家创新体系建设，强化其科技战略地位。

2. 面对经济科技全球化，逐步完善国家创新体系，注重效能提升（2006～2012 年）

面对不断加剧的国际科技竞争，我国在吸收和借鉴发达国家先进科学技术的基础上迫切寻求自主的创新和突破②。2006 年颁布的《国家中长期科学和技术发展规划纲要（2006－2020）》强调"全面推进中国特色国家创新体系建设，大幅度提高国家自主创新能力"，明确未来 15 年我国科学技术发展的九个目标之一就是"形成比较完善的中国特色国家创新体系"，并提出超前部署前沿技术和基础研究。随着的国际科技竞争愈加激烈，国家创新体系整体效能提升逐渐成为国家创新体系新的建设目标。2012 年《关于深化科技体制改革加快国家创新体系建设的意见》进一步强调要"完善国家创新体系，促进技术创新、知识创新、国防科技创新、区域创新、科技中介服务体系协调发展，强化相互支撑和联动，提高整体效能"。

五、百年未有之大变局与创新驱动发展战略

当今世界正经历百年未有之大变局，科技创新是于危机中育先机、于变局中开新局的关键变量。

1. 基于科技变革提出"创新驱动发展战略"（2012 年至今）

全球新一轮科技革命、产业变革和军事变革加速演进，科学探索从微观到

---

①② 方新．中国可持续发展总纲（第 16 卷）：中国科技创新与可持续发展［M］．北京：科学出版社，2007.

宇观，在各个尺度上向纵深拓展，全球科技竞争不断向基础研究转移，以智能、绿色、泛在为特征的群体性技术革命引发国际产业分工重大调整，颠覆性技术不断涌现，正在重塑世界竞争格局、改变国家力量对比，创新驱动成为许多国家谋求竞争优势的核心战略。基于此，2012年底召开的党的十八大明确提出实施创新驱动发展战略，2016年颁布的《国家创新驱动发展战略纲要》提出要依靠创新驱动打造发展新引擎。

2. 基于中美博弈提出"科技自立自强"（2020年至今）

2018年的中美贸易战给我国科技事业发展带来了冲击和警醒，在这一背景下党的十九届五中全会提出"把科技自立自强作为国家发展的战略支撑"。2022年俄乌冲突之后，美国连同其欧洲盟友对俄罗斯的科技、经济等实施全方位制裁，对我国实现科技自立自强提出了更迫切的要求。为形成竞争优势、赢得战略主动，党的二十大报告指出，要"坚持面向世界科技前沿、面向经济主战场、面向国家重大需求、面向人民生命健康，加快实现高水平科技自立自强"。

第四节　世界科技发展趋势、环境变化与各国科技发展举措

新一轮科技革命和产业变革加速演进，涌现出一大批新兴技术，引发了世界科技发展环境的深刻变革，世界科技发展领域、发展范式、发展方向以及发展目标都面临新的变化。同时，国际环境日趋复杂，全球科技竞争新变量不断增加，不稳定性和不确定性明显增强，世界各国为把握发展机遇，纷纷加强科技战略制定，提出了一系列关乎未来科技发展的长远规划和举措。

一、全球科技发展趋势与环境变化

1. 全球科技发展新趋势

新一轮科技革命和产业变革加速演进，涌现出云计算、物联网、大数据、人工智能、3D打印等一大批新兴技术，引起全球经济快速变革。随着信息技

术等颠覆性创新的持续推进，科技数字化、网络化、智能化发展明显加快，推动人类社会迈进了数字化和智能化时代，全球科技在发展领域、发展方向、发展范式、发展目标上都呈现出一系列新的发展趋势。

在发展领域上，科技发展"一主多翼"态势显著①，信息、能源、材料和生物成为科技创新的重要领域。在全球新一轮科技革命和产业变革的演进过程中，科技发展整体呈现出"一主多翼"态势，其中"一主"指信息技术，"多翼"指新能源、新材料和生物技术②。《麻省理工科技评论》与世界经济论坛（WEF）在 2018~2022 年发布的《全球十大突破性技术》和《新兴技术清单》中，约四成技术出现在新一代信息技术领域，超六成创新技术与信息技术有关。信息技术的突破性应用已经成为驱动社会生产力变革的主导力量③，与此同时，能源技术、材料技术和生物技术等也取得不同程度的突破性进展，为社会生产力革命性发展奠定了技术基础。

在发展方向上，科技发展"数字化""绿色化"转型明显，数字科技和绿色科技成为当前全球创新突破最多的领域。新一轮科技革命为科技创新提供资源和平台基础，在促进数字技术飞跃式发展的同时也为其他技术领域发展提供了高经济性、高可用性、高可靠性的技术底座，构建起一个数据驱动的平台化、生态化的基础设施群，加速了技术发展的数字化转型④。此外，随着全球气候变化、资源环境不断恶化等，未来 30 年新能源革命将持续爆发⑤。受化石能源日渐耗竭和环境保护要求的双重影响，科学技术的绿色低碳化发展，包括绿色低碳技术创新和其他技术的绿色低碳化转型，已经成为推动实现经济社会绿色低碳转型的关键基础⑥，绿色科技发展趋势明显。

在发展范式上，科技发展"交叉融合"深入进行，跨学科、跨领域交叉融合技术是科技创新重要增长点。当前世界科学研究沿原有路径继续延伸越来越难

① 赵昌文. 认识和把握新一轮信息革命浪潮［N］. 人民日报，2019 – 06 – 14.
② 李伟，隆国强，张琦，赵晋平，王金照，赵福军. 未来 15 年国际经济格局变化和中国战略选择［J］. 管理世界，2018，34（12）：1 – 12.
③ 黄群慧，贺俊. 未来 30 年中国工业化进程与产业变革的重大趋势［J］. 学习与探索，2019（8）：102 – 110.
④ 陈凯华. 加快推进创新发展数字化转型［J］. 瞭望，2020（52）：24 – 26.
⑤ 路红艳. 未来 30 年科技产业革命变化趋势及我国创新发展的建议［J］. 全球化，2018（3）：89 – 97，135.
⑥ 穆荣平，陈凯华. 2021 国家创新发展报告［M］. 北京：科学出版社，2023.

以取得进展，越来越多的科学家已经转向交叉学科或边缘学科①。第四届世界顶尖科学家论坛发布的《全球科技前沿报告》指出，科学探索不断向宏观拓展、向微观深入，交叉融合汇聚不断加速。数字技术的发展加深了技术之间跨学科、跨领域的融合渗透程度，传统技术通过数字化转型不断突破现有的技术壁垒，达到了新的发展高度。同时，数字化与绿色化相互融合、相互促进，将催生出大量新领域新赛道，使得未来科技创新转型更加广泛、深刻、快速②。

在发展目标上，科技发展强调面向人类高质量发展需求，不能单纯注重经济效益，也要兼顾社会发展效益。伴随科技发展产生的部分的社会负外部性迫切要求社会技术系统转型③，在发展经济的同时必须兼顾社会公平、生态环境、气候变化等社会问题，实现技术创新和社会结构之间的"协同演化"④。党的十八大以来，习近平总书记站在推动人类高质量发展的高度上，始终强调科技发展要坚持"四个面向"，把科技作为造福人民的重要抓手⑤。日本技术预见关于未来优先发展技术的选择导向也由追求经济效益最大化发展到兼顾社会发展效益，未来技术选择更加注重社会因素⑥。英国新一轮技术预见也提出要优先发展健康、食品、生活、交通、能源领域的关键技术⑦。

2. 全球科技竞争新变量

当前国际形势不确定性显著增多，世纪疫情、俄乌冲突、大国博弈、气候变暖、环境恶化、治理失序与科技革命等，给国际经济、科技、文化、安全、政治等格局带来深刻复杂影响⑧。综合我国目前所处的科技发展环境和国际科技竞争形势看，新一轮科技革命和产业变革以及中美战略博弈将是未来30年影响世界格局发展最重要的两个变量。

新一轮科技革命和产业变革是改变世界科技发展环境、进而影响世界科技格局变化的重要推动力。随着新一轮科技革命和产业变革的深入，新技术、新

① 胡志坚. 世界科学、技术、工业革命趋势分析［J］. 中国科技人才，2021（6）：2-3.
②③ 隆国强. 把握新一轮科技革命的机遇［N］. 人民日报，2023-04-10.
④ Geels F W. From Sectoral Systems of Innovation to Socio-technical Systems Insights about Dynamics and Change from Sociology and Institutional Theory［J］. Research Policy，2004（33）：897-920.
⑤ 陈凯华. 习近平关于科技创新发展重要论述的战略意义［J］. 国家治理，2022（7）：2-8.
⑥ 杨捷，陈凯华. 面向社会愿景与挑战的优先技术选择研究—兼论日本历次技术预见研究的发展与启示［J］. 科学学研究. 2021，39（4）：10.
⑦ Government Office for Science. Technology and Innovation Futures 2017［R］. The United Kingdom：Foresight Horizon Scanning Centre，2017.
⑧ 习近平. 新发展阶段贯彻新发展理念必然要求构建新发展格局［J］. 求是，2022（17）.

产业、新业态、新模式不断涌现并快速发展，整个科技发展环境发生了深刻变化，为后发国家改变自身在世界科技格局中的地位提供了"机会之窗"。例如，数字技术已经成为科学技术发展过程中不可或缺的条件，给科研范式带来了极大改变，加速了"数据密集型科学"研究范式的实现，产生了半自主式的科研组织模式，促进知识生产与科技进步。新兴技术的产生也扩大了产业发展边界，现有产业交叉融合边界成为科技创新的重要增长点。2021年3月，美国国家情报委员会（NIC）发布的《全球趋势2040——竞争更激烈的世界》报告指出，未来20年技术的发展变革和跨界融合将会更加迅速[①]，只有能够抓住此次科技革命和产业变革机遇的国家才能够实现在世界科技格局中地位的跃迁。抓住新一轮科技革命机遇，占领科技发展先机，也成为我国在这场历史性变局中赢得科技竞争优势的重要突破口。

中美战略博弈是改变国际科技竞争环境，进而导致世界科技格局变化的关键作用力。美国不断加强对我国的技术管制，并试图拉拢盟友和更多国家建立科技民主联盟、产业链民主联盟，在更大范围对中国形成围堵和遏制，以应对中国崛起带来的挑战。在此背景下，世界各国需要根据自身利益需求调整对中和对美政策，形成了利益交织、分合交错的复杂大国关系，改变了全球科技竞争环境，为世界科技格局变化带来了更多不确定因素。我国采取有效措施应对美国的竞争和打压，形成自身的技术非对称优势和更广泛的国际合作伙伴关系，是塑造我国科技竞争新优势的关键。

二、世界各国面向未来的科技发展举措

面向未来，各国顺应全球科技发展新态势，前瞻科技发展动向，在顶层设计、领域布局、组织变革和基础研究等方面纷纷布局科技创新战略，力图占领科技发展制高点。

1. 加大未来研判和统筹力度，整体规划科技发展的顶层设计

世界各国加大对科技发展的未来研判和统筹能力，从宏观视角对未来科技发展的目标、路径、支撑保障等方面制定了具有前瞻性的总体规划，并致力于

---

① The National Intelligence Council. Global Trends 2040：A More Contested World ［EB/OL］. https：// www. dni. gov/index. php/gt2040-home/gt2040-media-and-downloads ［2022 - 12 - 31］.

保障国家科技发展安全。2022 年 10 月，美国白宫发布的《2022 年国家安全战略》提出利用"决定性的十年"促进美国重要利益，将继续维护其全球领导地位，号召盟友联合推进国际技术生态系统①。2021 年 7 月，英国政府发布《英国创新战略：创造未来，引领未来》，旨在通过做强企业、人才、区域和政府四大战略支柱打造卓越创新体系，到 2035 年将英国打造成为全球创新中心②。2021 年 5 月，欧盟委员会发布《全球研究与创新方法：变化世界中的欧洲国际合作战略》，新时期的欧盟研究和创新框架计划"地平线欧洲"将成为实施该战略的关键工具③。2021 年 3 月，日本政府发布《第六期科学技术与创新基本计划》，用以指导 2021～2025 年科学技术与创新发展，从宏观战略层面提出实现社会 5.0 的科技创新政策的纲领性举措④。

2. 聚焦关键领域与发展方向，积极谋划科技发展的新式赛道

世界各国积极研判未来科技发展方向，聚焦产业技术数字化、绿色化双转型，持续加大对未来关键技术和新兴技术的投入，加速相关技术突破和成果转化。2020 年 3 月欧盟发布《欧洲新产业战略》⑤，重点部署计算机技术、微电子技术、高性能计算和数据云基础设施、区块链等关键技术。2021 年 11 月，欧盟理事会通过《单一基本法案》⑥，新资助 10 个研发合作计划推动绿色和数字转型。日本 2020 年发布《产业技术愿景》《面向社会 5.0 的光子学和量子技术》，提出日本将优先发展支撑超智能社会的物联网、数字技术、激光处理、光子量子通信以及光子和电子信息处理等技术。英国政府 2021 年发布《绿色

---

① White House. National Security Strategy［EB/OL］. https：//www. whitehouse. gov/wp-content/ uploads/2022/11/8-November-Combined-PDF-for-Upload. pdf［2022－12－31］.

② UK Department for Business，Energy & Industrial Strategy. UK Innovation Strategy：Leading the Future by Creating It［EB/OL］. https：//assets. publishing. service. gov. uk/government/uploads/system/uploads/ attachment_data/file/1009577/uk-innovation-strategy. pdf［2022－12－31］.

③ European Commission. Global Approach to Research and Innovation：Europe's Strategy for International Cooperation in a Changing World［EB/OL］. https：//eur-lex. europa. eu/legal-content/EN/TXT/？uri＝CEL-EX：52021DC0252［2022－12－31］.

④ 日本内阁府. 第六期科学技术与创新基本计划［EB/OL］. https：//www8. cao. go. jp/cstp/ kihonkeikaku/6honbun. pdf［2021－3－26］.

⑤ European Commission. A New Industrial Strategy for Europe［EB/OL］https：//ec. europa. eu/info/ sites/info/files/communication-eu-industrial-strategy-march-2020_en. pdf［2021－3－26］.

⑥ European Commission. Commission Welcomes Approval of 10 European Partnerships to Accelerate the Green and Digital Transition［EB/OL］. https：//ec. europa. eu/info/news/commission-welcomes-approval-10-european-partnerships-accelerate-green-and-digital-transition-2021-nov-19_en［2021－3－26］.

工业革命十点计划》,从资金投入、技术开发等方面部署国家绿色化战略。德国出台全球首个国家级氢能战略——《国家氢能战略》,助力技术发展的绿色化转型,并修订《人工智能战略》,将面向人工智能(AI)的财政支出从30亿欧元增加到50亿欧元,推动数字化相关技术突破。韩国发布《5G+战略》,提出到2026年国内5G+产业创造180亿美元的经济价值的战略目标,不断加强数字化转型。

3. 建立健全科研组织管理制度,提升产业关键技术攻关能力

世界各国不断加强科研组织管理,增设新型机构,优化管理制度,大力推动关键技术攻关,积极推进未来产业发展。美国2021年5月成立人工智能美国半导体联盟(SIAC),由全球64家半导体制造企业和下游用户组成跨部门联盟,以强化美国半导体制造和研究能力。芬兰设立国际技术创新局、科技创新基金会、国家技术研究中心三大机构,作为其国家创业孵化器,为创业企业提供坚实的资源和资金支持。瑞典推行了政府、企业与高校共同构建的"三角螺旋模式",为科学城提供持久的创新活力。德国未来研究战略体系以德国科学联席会议为纽带,鼓励政府、社会、科研机构等多元主体协同推进创新发展。德国大学和科研机构在2018年10月联合成立了3所马普学院(Max Planck School)①,以加强产学研之间的合作交流。2021年2月,英国政府成立新的独立科研机构"先进研究与发明局"(ARIA),旨在促进前沿科学和新技术的创新与研发。

4. 探索基础研究发展的新路径,深入推进基础研究能力提升

世界各国开辟面向未来的基础研究建设路径,形成强化研究能力建设、创新人才培养模式、鼓励科研人员自由探索的战略前瞻性基础研究机制。2020年7月,英国出台《英国研发路线图》②,加大对长期性、基础性科研工作的支持力度,发展世界领先的基础设施和研究机构,增加科学基础设施投资。韩国和俄罗斯近年均将40%以上的政府研发经费用于资助基础研究。俄罗斯出

---

① France Government. France 2030: un plan d'investissement pour la France de demain [EB/OL]. https://www.gouvernement.fr/france-2030-un-plan-d-investissement-pour-la-france-de-demain [2021-10-12].

② HM Gorvernment. UK Research and Development Roadmap [EB/OL]. https://assets.publishing.service.gov.uk/government/uploads/system/uploads/attachment_data/file/896799/UK_Research_and_Development_Roadmap.pdf [2021-10-12].

台的面向 2030 年《国家科技发展计划》提出，要确保基础研究投入占全社会研发投入比重不低于 2015 年的水平（14.4%），完善基础研究管理体制，并宣布 2018～2024 年投入 709 亿卢布，构建完整的青年科研人才培养和职业发展体系，到 2024 年将顶尖研发机构青年科研人员比例提高 25%[1]。韩国在《第 4 期基础研究振兴综合计划（2018—2022）》中提出实行"金字塔"分层人才培养制度，持续扩大以研究者为中心的基础研究投资，规模从 2019 年的 1.71 万亿韩元增加到 2022 年的 2.52 万亿韩元。

第五节 应对世界科技竞争新格局变化的我国科技战略重点任务

当前，我国科技事业发生了历史性、整体性、格局性重大变化，但是在一些领域与国外领先国家的科技水平仍然存在较大差距，随着中美科技脱钩不断加剧，我国科技发展面临的风险挑战不断加大。党的二十大报告指出，到 2035 年我国要实现高水平科技自立自强，进入创新型国家前列，并把经济高质量发展取得新突破、科技自立自强能力显著提升、构建新发展格局和建设现代化经济体系取得重大进展作为未来五年主要目标任务之一。新发展阶段下，党中央把科技自立自强作为国家发展的战略支撑，以科技强国建设引领我国社会主义现代化建设，把科技创新作为推动高质量发展的首要驱动力。面对国际国内发展新环境，我国迫切需要强化科技战略部署，抓住新一轮科技革命及产业变革机遇，坚持"四个面向"，从强化国家创新体系建设和优化国家创新治理体系两个方面出发，部署好十大重点任务。

一、强化国家创新体系建设的重点任务

1. 健全适应双循环新发展格局的国家创新体系，提升高质量发展保障支撑能力

构建以国内大循环为主体、国内国际双循环相互促进的新发展格局是适应

---

① 姜桂兴. 国外基础研究投入呈现显著新趋势 [N]. 光明日报, 2020 - 11 - 12.

我国经济发展阶段变化的主动选择，是应对错综复杂的国际环境变化的战略举措，是发挥我国超大规模经济优势的内在要求。科技创新在双循环相互促进的新发展格局中居于核心地位，推动科技的高水平自立自强迫切要求加快构建融入双循环新发展格局的国家创新体系。（1）以国内大循环建设为主体，面向关键核心技术，强化国家战略科技力量，提升国家创新体系的重点突破能力。新形势下，迫切需要面向高质量发展、面向国家经济安全、面向科技自立自强，形成有主有次、协调互补的国家战略科技力量体系，促使国家创新体系能够更加高效地开展科技攻关，满足经济发展和国家安全对科技的需求。（2）以国内国际双循环相互促进为目标，实施更加开放包容、互惠共享的科技战略，促使国家创新体系积极融入国际大循环，促进创新要素在国内国际双循环的国家创新系统中流通，建立国内外双循环的国家开放创新生态系统。通过研发合作、技术许可、企业并购等形式将外部知识资源引入国内大循环①，同时通过科技成果的产出和推广应用促进科技创新融入国际大循环。

2. 优化保障国家发展安全的基础研究战略布局，推动我国基础研究水平持续提升

基础研究在推动科技、经济、社会和国防发展中的作用日益突出，已经成为大国博弈的前沿阵地。保障国家发展安全，培育国际竞争新优势需要我国进一步强化基础研究发展。（1）加快科研"底座"的国产化替代，加强高端通用科学仪器设计研发，支持科研过程中工具软件和操作系统的开发，加快构建自主可控的国家科学文献平台，大力支持我国外文国际期刊创办和发展。（2）建立满足国家安全与发展需求的基础研究人才培养体系，在面向国家重大战略需求和问题的科技创新活动中，对人才的支持由"支持项目"向"支持团队"转变，逐步提高科研团队在前瞻性基础研究和战略高技术领域的研究能力。同时，完善科研人员评价和奖励制度，以能够解决重大战略性科技问题为标准，突出长期考核和稳定资助，杜绝多头拿项目，坚持"能者上，劣者下，庸者让"原则，给人才以用武之地。（3）要探索基础研究国际交流与合作新模式新机制，基础研究的安全要服务于基础研究的发展，防止科研安全制约科研国际合作，要深化基础研究国际合作，全面提高我国基础研究水平。

---

① 杨中楷，高继平，梁永霞. 构建科技创新"双循环"新发展格局［J］. 中国科学院院刊，2021，36（5）：544－551.

3. 强化教育科技产业一体化人才自主培养模式，打造科技人才国际竞争比较优势

在新形势下，面向高水平科技自立自强，未来的科技人才政策需强化自主培养、服务国家战略与聚焦产业需求，以教育链、科技链和产业链的深度融合推进人才培养，形成科技人才国际竞争比较优势[①]。（1）面向产业创新链需求优化科技人才教育与培养政策，推动学科专业建设与产业转型升级相适应。综合全球前沿目标和未来产业发展需求，建立适应数字化、绿色化双转型的交叉学科人才培养体系，加大重点关键技术领域的科技人才培养。（2）依托产学研合作平台培养和使用科技人才，促进科技人才培养供给侧和产业需求侧结构要素全方位融合。加快建立高校、研究所和企业联合培养高素质复合型人才的有效机制，鼓励企业接收研究生参与技术研发活动，支持企业技术专家和研发人员兼职担任研究生导师，以推动打通资本市场与教育界、科技界和产业界的互动通道；依托国家重大创新平台、重大科技计划和重点学科等打造产学研协同的研究生培养基地。（3）系统化设计积极有效的科研人员激励体系。建议从健全安心科研的科研人员生活保障机制、健全科研产出与贡献导向的激励机制、健全适应不同科研活动特征的分类激励机制、健全适应不同发展阶段的差异化激励机制和健全物质激励与精神激励的双向激励制度出发，推进科研人员激励体制机制的系统性变革[②]。

4. 加快自主可控高效的产业创新生态系统建设，推动产业链创新链深度融合

随着逆全球化、新冠肺炎疫情与地区主义交织发展，全球产业链供应链的脆弱性和不稳定性不断加剧，加快构建自主、可控、高效的产业创新生态系统逐渐成为世界各国和经济体创新体系建设的主要发力点。（1）发挥我国工业门类齐全和组织动员能力强的制度优势，构建科技研发生态，对产业发展的关键共性技术、前沿引领技术、现代工程技术、颠覆性技术等进行重点突破；同时，发挥我国超大规模市场优势和内需潜力，构建与技术发展相适应的产业发展生态，促进技术在生产和使用过程中的迭代。（2）应当充分发挥我国组织

---

① 陈凯华，郭锐，裴瑞敏. 我国科技人才政策十年发展与面向高水平科技自立自强的优化思路 [J]. 中国科学院院刊，2022，37（5）：613-621.

② 陈凯华. 科研人员激励机制优化需系统化设计 [N]. 学习时报，2022-11-14.

能力强的制度优势，制定战略生态位政策，以国有企业为主导、私有企业为核心，形成适合技术发展的试错生态，促进技术不断升级并实现部分关键核心技术的国产化有效替代。（3）建设面向"教育、科技、人才、产业"四位一体的创新政策生态系统，进一步提升不同部门间、中央和地方政府间多层级创新政策的系统性、整体性、互补性和兼容性，以推动产业链创新链深度融合。

5. 健全开放信任、互利共赢的国际科技合作模式，营造全球开放合作创新生态

大国博弈日趋激烈，原有国际经济秩序和国际科技格局正在重塑。我国要高举构建人类命运共同体旗帜，推进开放、包容、普惠、平衡、共赢的经济全球化，倡导共同、综合、合作、可持续的安全观，反对霸权主义、单边主义和强权政治①，坚持以团结合作、互利共赢为导向开展国际科技合作。（1）继续推动与主要创新大国的合作，找准多边双边科技合作的切入点和突破口，深入实施"一带一路"科技创新行动计划，聚焦事关全球可持续发展的重大问题，优化面向全球的科学研究基金建设，加快推进牵头组织国际大科学计划和大科学工程，吸引全球科学家参与前沿科技探索研究。（2）支持科学家在重要国际学术组织中担任领导职务，拓宽我国科学家在国际科技舞台发声的途径，加速推进我国主导的国际科学组织建设，支持我国更多的科学家加入国际组织、参加国际会议、担任国际科技期刊编委等。（3）扩大科技创新资源开放合作，以重大科技基础设施、联合实验室、研究中心、科技园区等作为合作平台，吸引优秀人才来华工作，推动形成更大范围、更宽领域、更深层次的科技开放合作格局，有效融入全球科技创新网络。（4）支持企业面向全球布局事关核心技术的创新网络，鼓励建立海外研发中心，按照国际规则并购、合资、参股国外创新型企业和研发机构。

二、优化国家创新治理体系的重点任务

1. 建设需求和问题导向新型国家科技治理体系，提升经济社会发展中重大关键科技问题的解决能力

构建需求导向和问题导向的国家科技治理体系有利于聚焦国家急迫需求和

---

① 周森.百年未有之大变局下世界进入动荡变革期的思考与启示［J］.理论月刊，2021（7）：22-28.

长远发展中的重大问题，抓住科技革命和产业变革机遇，解决当前制约我国经济社会发展、民生改善和国防建设的关键问题。（1）建立需求和问题导向的重大科技项目选题机制，面向"四个面向"凝练科学技术问题，着眼于国家未来发展战略需求，坚持"应用需求明确、技术突破明显"，强化政府在重大科技问题和任务凝练中的决策支撑作用，加强自上而下重大科技项目的统筹布局。（2）探索建立健全关键核心技术攻关的新型举国体制，以服务国家重大战略需求为目标，克服科技资源配置低效、分散、重复的弊端，加强重要领域关键核心技术攻关，强化关键环节、关键领域、关键产品保障能力。（3）面向国家战略需求优化国家战略科技力量布局，高标准打造以国家实验室、一流大学、科研院所和创新型企业构成的国家战略科技力量，支持企业主导的产学研创新联合体建设，加强前沿引领技术系统发展能力建设。

2. 加快建设形成支持全面创新的基础制度体系，不断提升科技创新资源在国家创新体系内的配置和使用能力

深化科技体制改革，形成支持全面创新的基础制度，提升科技创新资源在国家创新体系内的配置和使用能力，健全国家创新体系整体效能持续提升的动力机制。（1）在科技攻关项目立项和组织管理方式上，大胆实行"揭榜挂帅""赛马"制度，做到不论资历、不设门槛，让有真才实学的科技人员有用武之地。在重大项目的组织实施上，将"自上而下"的宏观决策部署与"自下而上"的自由探索相结合，有效衔接基础研究、应用研究和试验开发，加强我国在前瞻性基础研究、前沿引领技术、战略高技术领域的创新能力，形成推动攻克关键核心技术的强大合力。（2）在科技创新人才培养和评价机制上，建立重大科技创新平台与重大科技项目相结合的高水平人才培养模式，在重大科技活动实践中培养一批具有国际水平的战略科技人才、科技领军人才、创新团队，加快建立符合科技活动需求的研究生教育培养制度，加强科研主力军的培养。

3. 强化战略预见并不断加强前沿科技识别研判，提高科技发展战略预判能力和科技竞争应对能力

国家层面提高科技发展战略预判应对能力，加强重点领域和重点产业的科技发展情景分析，加强对前沿引领技术、颠覆性技术的预见、监测和识别，不断提升科技战略布局的能力和创新资源配置的能力，提高国家科技创新体系治理能力，赢得国际科技竞争主动权。（1）加强对世界各国科技战略的扫描以及对世界科技前沿、科技革命和产业革命方向及其影响的研判，为正确制定科技发展战略与规划、优选和部署科研任务提供决策依据。（2）强化国家层面技术监测与预见分析的活动，持续开展周期性的关键技术识别，研判未来科技发展的重大创新领域和科技发展方向，遴选我国发展中的关键核心科技。（3）围绕重点科技，综合分析国内外科技竞争优劣势，找准影响科技攻关，促进科技与经济、科技与教育、科技与社会紧密结合的关键环节，研判以科技创新带动全面创新的突破口，提出支撑当前发展、引领未来发展的思路和策略，为从战略层面上优选发展领域方向、做好规划布局、制定政策举措提供决策依据。

4. 塑造科技竞争的新优势，加快培育非对称技术，不断加强我国在世界科技竞争格局中的主动权

非对称技术是突破国际科技封锁，提升我国国际循环质量和水平的有效支撑。我国要大力推进科技创新，通过形成更多的"人无我有""人有我强"的"非对称"技术，不断增强我国在世界科技竞争格局中的主动权。（1）多路径分类实施非对称技术优势发展策略。分领域培育非对称技术，把握技术革命战略机遇，深入挖掘我国非对称资源禀赋。对于既有优势技术领域，要充分发挥自身技术优势，引导科技竞争方向和科技争夺空间发展至自身优势领域，掌握战略主动权；对于潜在优势技术领域，要瞄准未来国际竞争的关键科技领域，培养科技实力"增长点"，不断培育以形成优势技术领域。（2）集聚科技创新资源，加快形成非对称技术优势。在非对称技术相应的领域，要遴选一批眼界宽、科研水平高、领导能力强的科技领军人才，给予稳定的经费支持，支持其形成目标专一、能够长期攻关、跨学科研究的团队；结合非对称技术特点，要加快推动国家技术创新中心，国家工程研究中心以及全国重点实验室等相关创新平台的建设，形成支撑"非对称"技术涌现的创新平台布局。（3）发挥制度优势打造非对称技术创新生态，要强化各类国家科技计划组织实施的衔接协同，优化科技资源配置，营造良好的非对称技术创新生态。

5. 探索构建多层级驱动的整体性创新政策体系，不断提升国家创新体系整体效能的系统治理能力

国家创新体系是一个复杂系统，涉及多个政策制定与执行主体、企事业单位等政策客体和公众等利益相关者。国家创新体系整体效能提升需要全面考虑国家创新体系中影响创新活动的各种因素、针对性识别具体政策问题，推动政策主体间有机结合、相互协调，制定整体性创新政策以提升国家创新体系整体效能。（1）从国家创新体系整体效能的结构、功能、演化、效率和能力等层面的失灵问题出发，构建"宏观－中观－微观"多层级驱动、"产学研金介"多维度覆盖、"制度－体系－工具"多方位优化的整体性创新政策体系。（2）聚焦我国国家创新体系的关键子体系，从宏观要素引导与统筹、中观经费配置与管理、微观人才培育与激励角度出发，基于制度逻辑构建涉及科技经费管理、科技人才管理、科技监测评价、产学研融合、国家科研平台、科技成果转化等多级制度驱动的整体性创新政策体系。（3）考虑国家创新体系满足"国际科技竞争""科技自立自强"和"高质量发展"的使命要求，进一步提升不同部门间、央地政府间多层级创新政策的系统性、整体性、互补性和兼容性，建设面向"教育、科技、人才、产业"四位一体的整体性创新政策体系。

第二章

国家科技竞争力评估流程与方法

第一节　国家科技竞争力的内涵和外延

　　国际经济发展和竞争格局演变的历史表明，科技内涵已经成为国际竞争力新的决定性因素。因此，国家科技竞争力是一个国家综合国力的集中体现，成为一个国家经济快速、持续发展的助推器。当前，世界正面临百年未有之大变局，国家的科技竞争力已经成为把握新技术革命和产业变革机遇，应对全球政治、经济、社会和环境发展面临的重大挑战，争取国际竞争格局重构主动权的关键力量，成为社会各界普遍关注的焦点问题。正确评价国家科技竞争力是把握全球科技竞争格局演进趋势、识别国家科技竞争优势劣势、支撑国家科技战略决策和相关政策制定的战略需要。

　　国际竞争力研究涉及竞争主体层次和竞争领域两个方面。从竞争主体看，国际竞争力主要体现在国家、产业、企业、产品（服务）4 个层次，各个层次国际竞争力既有区别也有联系。从竞争领域看，国际竞争力主要体现在科技竞争、经济竞争、军事竞争、人才竞争、制度竞争等方面，各个方面竞争力同样相互联系、相互依存。瑞士洛桑国际管理开发学院（IMD）发布的《世界竞争力年鉴》和世界经济论坛（WEF）发布的年度报告《全球竞争力报告》是国家层面国际竞争力研究和评估的主要代表。20 世纪 80 年代，《全球竞争力报告》将竞争力定义为市场占有能力，偏重微观层面的竞争力表征；从 20 世纪

90年代开始，报告强调宏观层面的国际竞争力，如国家层面的获利能力或者国家经济增长能力以及国家环境优化能力等。《2019年全球竞争力报告》则认为，竞争力是指一个经济体能够更有效地利用生产要素的属性和品质。该报告从使能环境（制度，基础设施，采用信息和通信技术，宏观经济稳定性）、人力资本（健康，技能）、市场（产品市场，劳动力市场，金融体系，市场规模）、创新生态体系（商业活力，创新能力）4个方面选择12个驱动因素表征竞争力，兼顾了宏观和微观层面的表征，其中创新能力与科技竞争力相关。

国家科技竞争力不仅要考虑资源转化效率，也要考虑国家规模和资源禀赋。尽管国际竞争力研究历史较长、研究者众多，但是学术界至今尚无广泛认同的竞争力定义。多数竞争力定义强调资源转化效率，例如《2019年全球竞争力报告》将竞争力定义为一个经济体能够更有效地利用生产要素的属性和品质。事实上，产业竞争力或者企业竞争力基本遵循这一定义。例如，A国家的E产业能够比其他国家的E产业更有效地利用生产要素，则A国家的E产业就比其他国家的E产业竞争力强，即使A国的E产业规模比其他国家的E产业规模小，也有可能依靠效率优势通过竞争逐步做大做强。但是，国家层面国际竞争力（以下简称为国家竞争力）不完全遵循这一定义，国家的边界永远不可能依靠竞争优势而改变，因而国家规模比较优势对于国家竞争力的贡献是不能忽视的，国家边界内资源动员能力比较优势对于国家竞争力的贡献也不能忽视。尽管A国边界内资源动员能力强并不必然导致其竞争力强，但是与资源动员能力相对弱的国家相比，A国竞争力强的可能性会更大。因此，资源动员能力表征的是竞争潜力——潜在的竞争力。

综合考虑资源动员能力、资源转化效率、国家规模等因素影响，本报告将国家竞争力定义为：一个国家在一定的国际竞争环境下，能够更有效地动员、利用资源并转化为产出的能力，包括国家竞争潜力、国家竞争效力和国家竞争实力三个方面。国家竞争潜力表征资源投入数量的影响，资源投入比竞争对手多意味着竞争潜力大；国家竞争实力表征资源投入转化为产出的数量的影响，产出比竞争对手多意味着竞争实力强；国家竞争效力表征资源投入转化为产出的效率的影响，效率比竞争对手高意味着竞争效力强。与传统的竞争力定义相比，本报告定义的国际竞争力不仅重视资源转换效率，而且考虑了国家规模和资源动员能力对于国际竞争力的重要影响。

国家科技竞争力是国家竞争力的一个方面。基于上述国家竞争力的定义，本报告将国家科技竞争力定义为：一个国家在一定竞争环境下，能够更有效地动员、利用科技资源并转化为科技产出的能力，包括国家科技竞争潜力、国家科技竞争效力和国家科技竞争实力三个方面。国家科技竞争潜力表征科技资源投入数量的水平，科技资源投入包括人员、经费等；国家科技竞争实力表征科技资源投入转化为科技产出的数量的水平，科技产出包括论文和专利等；国家科技竞争效力表征科技资源投入转化为科技产出的效率的水平，包括单位经费投入的各类产出。需要指出的是，本报告定义的国家科技竞争力不仅考虑了科技资源投入转换为科技产出的效率，而且考虑了国界内科技产出数量和科技资源投入数量对国家竞争力的重要影响。

第二节　国家科技竞争力评估框架与指标体系

一、国家科技竞争力评估框架

基于国家科技竞争力定义，本报告从国家科技竞争潜力、国家科技竞争效力、国家科技竞争实力三个维度构建了国家科技竞争力评估分析框架，兼顾科技投入、科技产出和科技投入转化为科技产出的效率三个方面的能力，如图 2 – 1 所示。

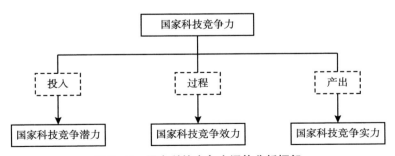

图 2 – 1　国家科技竞争力评估分析框架

二、国家科技竞争力评价指标体系

基于国家科技竞争力评估分析框架，并且充分考虑数据的可得性，本报告构建了国家科技竞争力评估指标体系。一级指数为国家科技竞争力指数。二级指数为国家科技竞争潜力指数、国家科技竞争效力指数、国家科技竞争实力指数。国家科技竞争潜力指数采用研究人员总数、研发经费投入总额、研发经费投入占 GDP 的比重、每万人研究人员数、每万人研发经费投入额 5 个三级指标进行度量；国家科技竞争效力指数采用单位研发投入国际期刊论文发表量、单位研发投入国际期刊论文被引量、单位研发投入本国居民专利授权量、单位研发投入三方专利授权量、单位研发投入 PCT 专利申请量、单位研发投入知识产权使用费收入、单篇国际期刊论文被引量 7 个三级指标进行度量；国家科技竞争实力指数采用国际期刊论文发表量、国际期刊论文被引量、本国居民专利授权量、三方专利授权量、PCT 专利申请量、知识产权使用费收入 6 个三级指标度量。国家科技竞争力评估指标体系如图 2 - 2 所示。

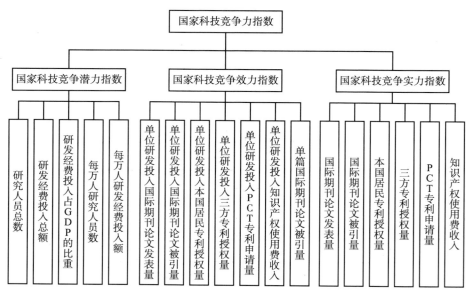

图 2 - 2　国家科技竞争力评估指标体系

第三节　国家科技竞争力十步骤评估流程

本报告建立了"十步骤"国家科技竞争力评估流程，包括评估问题界定、评估框架构建、指标体系构建、数据收集与样本选择、缺失数据处理、指标度量、数据标准化、权重确定、指数集成、结果分析十个步骤，如图2-3所示。

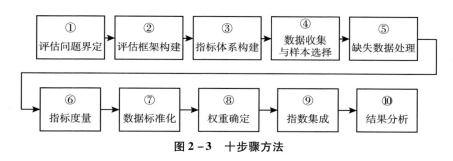

图2-3　十步骤方法

1. 构建评估问题、评估框架与评估指标体系

本报告需要解决的问题是"如何对国家科技竞争力进行有效的评估与比较"。需要从国家科技竞争力内涵外延入手，清晰理解（见本章第一节有关国家科技竞争力内涵外延的分析）并且定义评估问题，为建立评估分析框架奠定基础。构建国家科技竞争力评估分析框架和指标体系需要在清晰理解并且定义评估问题基础上，归纳提炼出国家科技竞争力评估的维度，并选择合适的三级指标予以表征，构建评价指标体系。

2. 基础数据、样本选择和数据处理

本报告的基础数据来源于科睿唯安 InCites 数据库、经济合作与发展组织（OECD）数据库、世界知识产权组织、经济合作与发展组织和世界银行数据库。为了把握全球科技竞争格局演进趋势、识别国家科技竞争优势劣势、支撑国家科技战略决策和相关政策制定的需要，本报告综合考虑国家经济规模、人口总量、数据可得性等因素，特别要求覆盖主要发达国家和金砖国家，共筛选出34个国家作为国家科技竞争力评估样本，具体包括：澳大利亚、奥地利、巴西、加拿大、智利、中国、捷克、丹麦、芬兰、法国、德国、希腊、匈牙

利、印度、以色列、意大利、日本、马来西亚、墨西哥、荷兰、新西兰、挪威、波兰、葡萄牙、罗马尼亚、俄罗斯、新加坡、南非、韩国、西班牙、瑞典、瑞士、英国、美国。世界银行数据显示，2020 年这 34 个国家 GDP 总量占世界 GDP 总量的 80% 以上。对个别国家某些指标个别年份数据缺失的情况，本报告采用缺失值两侧相邻年份的平均值代替缺失值。这种方法的优点是可以使相邻年份数值产生承接，使数据不突兀。由于数据统计存在一定的滞后性，并且不同的指标滞后长度和统计结果公布时间不同，导致个别指标数据有整年缺失的情况，本报告根据前 5 年数据用趋势外推的方法对该年份进行预测。

3. 指标度量、权重确定、指数计算和结果分析

指标体系中部分指标数据，如研发经费投入占 GDP 的比重、国际期刊论文发表量、国际期刊论文被引量、本国居民专利授权量、三方专利授权量、PCT 专利申请量，可用基础数据直接度量。无法直接获取指标值的指标度量采用两种处理方法：一是通过基础数据乘除获得，如研究人员总数，可由 R&D[①] 研究人员（每百万人）与总人口的原始数据计算获得；二是通过基础数据多步计算获得，如单位研发投入 PCT 专利申请量，可由单位研究人员投入 PCT 专利申请量与单位研发经费投入 PCT 专利申请量标准化后等权计算获得。为了使不同量纲的指标可比，本报告采用直线型无量纲标准化，标准化值规定的值域是 [0，1]。权重确定基于两类信息：专家判断和报告研究组判断。首先请多个相关领域专家组进行判断，给出权重，报告研究组成员根据专家的判断，剔除异常判断，计算出平均意义的权重值，结合报告研究组研究判断，最终确定每个三级指标权重和每个二级指数权重。根据已定指标权重对标准化指标值进行集成，计算得出国家科技竞争潜力、国家科技竞争效力和国家科技竞争实力的指数值，再进一步根据已定的指数权重对三个指数值集成，计算得出各国的国家科技竞争力指数值，并依据指数值进行排名，在此基础上深入分析中国国家科技竞争力以及潜力、效力和实力。此外，报告还对金砖国家（印度、巴西、俄罗斯和南非）和一些发达国家（美国、日本、英国、法国、德国和韩国）进行分析，并与 34 个国家的平均值和最大值进行比较。

---

① 研究与发展，简称"研发"，英文全称为：research and Development.

4. 国家科技竞争力评估是一个国家科技活动多维度、多指标的综合体现

国家科技竞争力涉及科技投入、科技产出和科技投入产出转化效率，需要多维度的综合评价，每个维度又需要多个指标来表征。因此，计算时采用综合指数方法，即通过对不同维度体现国家科技竞争力的二级指数和三级指标进行赋权加总的方法来测度国家科技竞争力。评估过程还采用了专家座谈、数据拟合、趋势预测、相关分析、聚类分析等定性、定量的方法。

第三章

国家科技竞争力指数

第一节　国家科技竞争力指数概况

一、国家科技竞争力排名

　　34 个国家科技竞争力指数排名显示，2022 年，美国国家科技竞争力最强，国家科技竞争力指数值为 44.15；瑞士名列第 2 位，指数值为 40.51；日本名列第 3 位，指数值为 37.84。国家科技竞争力指数排名第 4 位到第 10 位的国家依次为德国、中国、荷兰、韩国、英国、瑞典、丹麦，指数值依次为 29.44、28.46、27.47、26.14、22.79、21.39 和 18.59。中国位于第 5 位，国家科技竞争力指数值为 28.46（见图 3 - 1）。

　　2020 年，美国国家科技竞争力最强，国家科技竞争力指数值为 42.99；日本名列第 2 位，指数值为 38.81；瑞士名列第 3 位，指数值为 38.51。国家科技竞争力指数排名第 4 位到第 10 位的国家依次为荷兰、中国、德国、韩国、英国、瑞典、法国，指数值依次为 29.11、28.75、27.84、24.20、21.88、20.14 和 18.21。中国位于第 5 位，国家科技竞争力指数值为 28.75（见图 3 - 2）。

　　2015 年，美国国家科技竞争力最强，国家科技竞争力指数值为 42.09；日本名列第 2 位，指数值为 37.27，约为美国的 88.55%；瑞士名列第 3 位，指数值为 33.78，约为美国的 80.30%。国家科技竞争力指数名列第 4 位到第 10 位的国家依次为荷兰、德国、韩国、英国、中国、瑞典、法国，指数值依次为

27.97、24.98、20.47、19.60、18.78、18.37 和 18.06。中国位于第 8 位，国家科技竞争力指数值为 18.78（见图 3 - 3）。

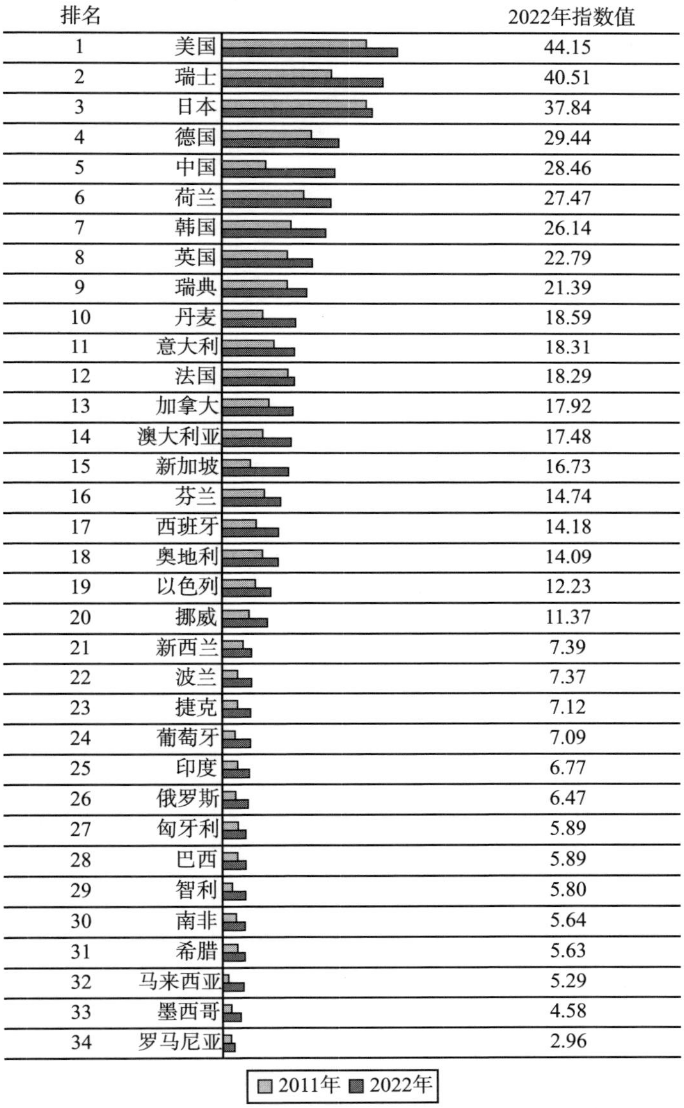

排名		2022年指数值
1	美国	44.15
2	瑞士	40.51
3	日本	37.84
4	德国	29.44
5	中国	28.46
6	荷兰	27.47
7	韩国	26.14
8	英国	22.79
9	瑞典	21.39
10	丹麦	18.59
11	意大利	18.31
12	法国	18.29
13	加拿大	17.92
14	澳大利亚	17.48
15	新加坡	16.73
16	芬兰	14.74
17	西班牙	14.18
18	奥地利	14.09
19	以色列	12.23
20	挪威	11.37
21	新西兰	7.39
22	波兰	7.37
23	捷克	7.12
24	葡萄牙	7.09
25	印度	6.77
26	俄罗斯	6.47
27	匈牙利	5.89
28	巴西	5.89
29	智利	5.80
30	南非	5.64
31	希腊	5.63
32	马来西亚	5.29
33	墨西哥	4.58
34	罗马尼亚	2.96

□ 2011年 ■ 2022年

图 3 - 1　2011 年和 2022 年 34 个国家科技竞争能力指数排名

资料来源：指标值根据"十步骤"计算，数据来源为科睿唯安 InCites 数据库、经济合作与发展组织（OECD）数据库、世界知识产权组织、世界银行数据库。

2022 年，中国国家科技竞争力指数排名和 2020 年保持一致，相比 2015 年上升 3 位，相比 2011 年上升 7 位。2011 ~ 2022 年，中国国家科技竞争力指数值增加 17.42，增长率为 157.79%，是 34 个国家中增长速度第二位的国家。2011 年，中国国家科技竞争力指数值仅为美国的 30.38%，2015 年增长至美国的 44.62%，2020 年增长至美国的 66.88%，2022 年增长至美国的 64.46%。

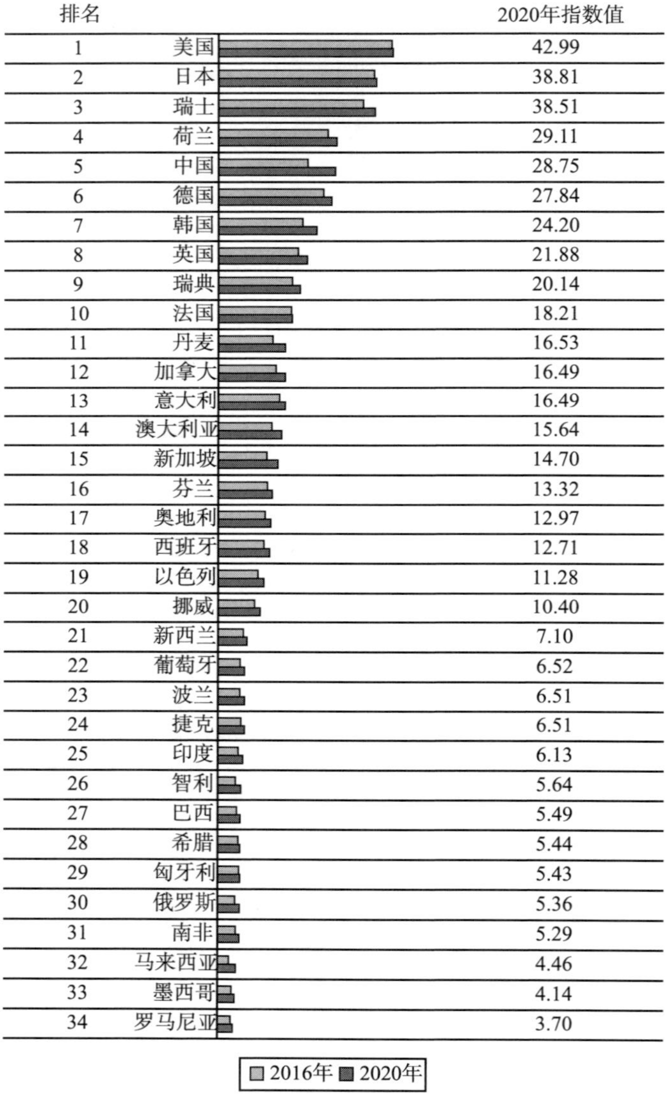

排名		2020年指数值
1	美国	42.99
2	日本	38.81
3	瑞士	38.51
4	荷兰	29.11
5	中国	28.75
6	德国	27.84
7	韩国	24.20
8	英国	21.88
9	瑞典	20.14
10	法国	18.21
11	丹麦	16.53
12	加拿大	16.49
13	意大利	16.49
14	澳大利亚	15.64
15	新加坡	14.70
16	芬兰	13.32
17	奥地利	12.97
18	西班牙	12.71
19	以色列	11.28
20	挪威	10.40
21	新西兰	7.10
22	葡萄牙	6.52
23	波兰	6.51
24	捷克	6.51
25	印度	6.13
26	智利	5.64
27	巴西	5.49
28	希腊	5.44
29	匈牙利	5.43
30	俄罗斯	5.36
31	南非	5.29
32	马来西亚	4.46
33	墨西哥	4.14
34	罗马尼亚	3.70

□ 2016年 ■ 2020年

图 3 - 2 2016 年和 2020 年 34 个国家科技竞争能力指数排名

资料来源：指标值根据"十步骤"计算，数据来源为科睿唯安 InCites 数据库、经济合作与发展组织（OECD）数据库、世界知识产权组织、世界银行数据库。

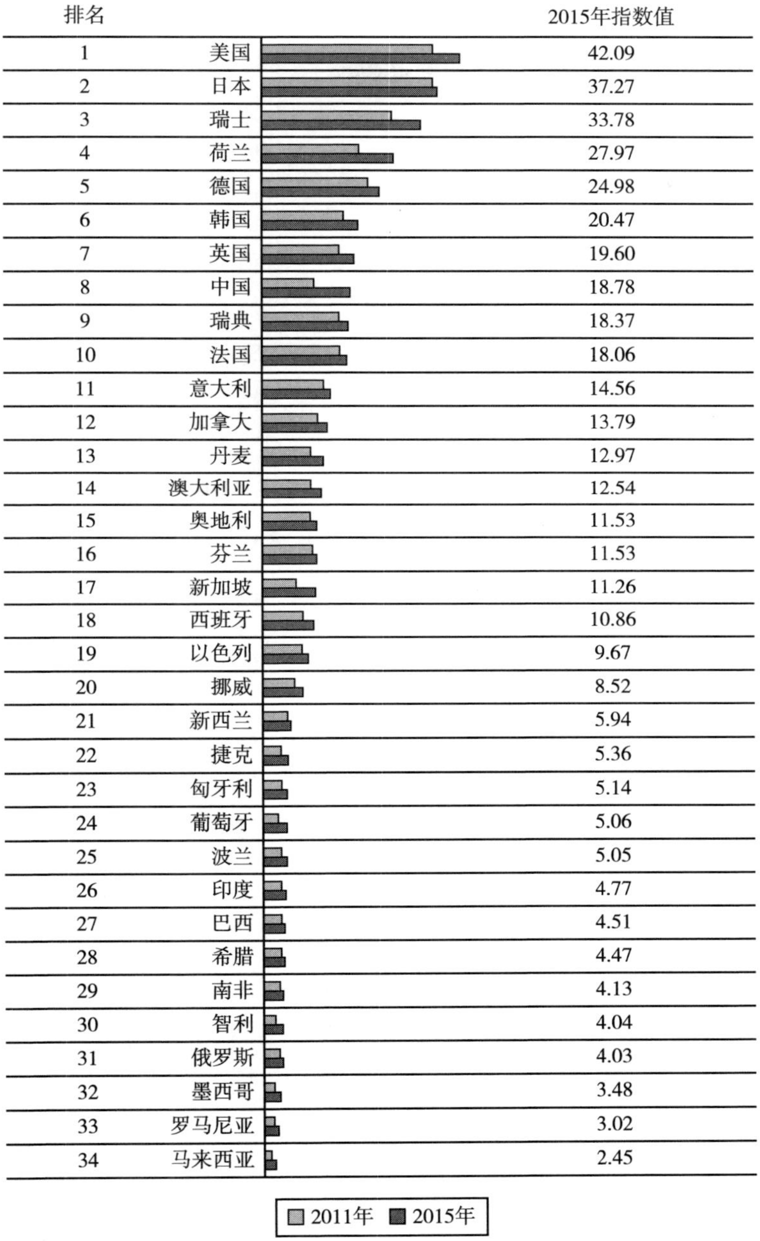

排名		2015年指数值
1	美国	42.09
2	日本	37.27
3	瑞士	33.78
4	荷兰	27.97
5	德国	24.98
6	韩国	20.47
7	英国	19.60
8	中国	18.78
9	瑞典	18.37
10	法国	18.06
11	意大利	14.56
12	加拿大	13.79
13	丹麦	12.97
14	澳大利亚	12.54
15	奥地利	11.53
16	芬兰	11.53
17	新加坡	11.26
18	西班牙	10.86
19	以色列	9.67
20	挪威	8.52
21	新西兰	5.94
22	捷克	5.36
23	匈牙利	5.14
24	葡萄牙	5.06
25	波兰	5.05
26	印度	4.77
27	巴西	4.51
28	希腊	4.47
29	南非	4.13
30	智利	4.04
31	俄罗斯	4.03
32	墨西哥	3.48
33	罗马尼亚	3.02
34	马来西亚	2.45

■ 2011年　■ 2015年

图 3 - 3　2011 年和 2015 年 34 个国家科技竞争能力指数排名

资料来源：指标值根据"十步骤"计算，数据来源为科睿唯安 InCites 数据库、经济合作与发展组织（OECD）数据库、世界知识产权组织、世界银行数据库。

二、国家科技竞争力二级指数

由金砖五国（中国、印度、巴西、俄罗斯、南非）的科技竞争力指数值对比可知，中国整体表现相对较好，2022年中国科技竞争实力指数值和科技竞争潜力指数值远高于其他金砖国家，但科技竞争效力指数值低于南非，有待进一步提升。南非的科技竞争效力指数在五个国家中处于最高水平，但其科技竞争实力指数处于五国中的最低水平（见图3－4）。2011年，中国科技竞争实力指数值和科技竞争潜力指数值虽然在金砖国家中处于领先地位，但与其他国家之间的差距较2022年相对较小，科技竞争效力的表现也相对较差。对比来看，2011～2022年中国的科技竞争实力和潜力有较大提升，在金砖国家中表现较为抢眼，但科技竞争效力仅有小幅提升（见图3－5）。

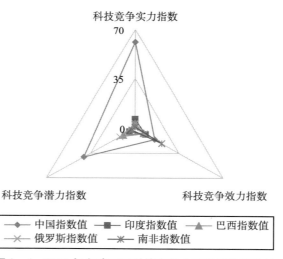

图3－4 2022年金砖五国科技竞争力二级指数值比较

资料来源：指标值根据"十步骤"计算，数据来源为科睿唯安 InCites 数据库、经济合作与发展组织（OECD）数据库、世界知识产权组织、世界银行数据库。

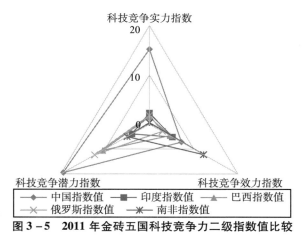

图3-5　2011年金砖五国科技竞争力二级指数值比较

资料来源：指标值根据"十步骤"计算，数据来源为科睿唯安 InCites 数据库、经济合作与发展组织（OECD）数据库、世界知识产权组织、世界银行数据库。

世界主要科技强国（美国、英国、德国和法国）的科技竞争力表现均较为良好，其中，美国表现突出，科技竞争实力指数和科技竞争潜力指数在34个国家中均排名第1位。从二级指数国家之间比较来看，科技竞争实力指数国家之间差异最大，科技竞争效力指数国家之间差异最小，2011～2022年科技竞争实力指数值和潜力指数值增长较快，效力指数值增长较慢。不同于金砖国家，除美国外，主要科技强国的科技竞争实力、科技竞争效力和科技竞争潜力水平较为均衡，无明显短板；美国科技竞争效力指数相对滞后，这与其科技规模较大有关。2022年，中国科技竞争效力指数均显著落后于主要科技强国（见图3-6和图3-7）。

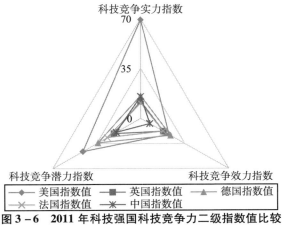

图3-6　2011年科技强国科技竞争力二级指数值比较

资料来源：指标值根据"十步骤"计算，数据来源为科睿唯安 InCites 数据库、经济合作与发展组织（OECD）数据库、世界知识产权组织、世界银行数据库。

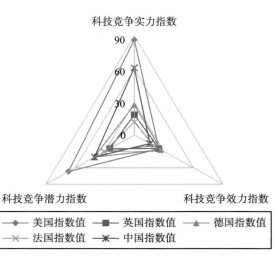

科技竞争实力指数

图 3 - 7　2022 年科技强国科技竞争力二级指数值比较

资料来源：指标值根据"十步骤"计算，数据来源为科睿唯安 InCites 数据库、经济合作与发展组织（OECD）数据库、世界知识产权组织、世界银行数据库。

　　在中国、日本、韩国三个亚洲国家中，日本在 2011 年科技竞争力表现最为突出，其科技竞争实力、科技竞争效力和科技竞争潜力指数均为三国最高值，无明显短板；2011～2022 年，日本的科技竞争力发展滞后，科技竞争实力和科技竞争效力指数值增长缓慢，科技竞争潜力指数值甚至有所下降。韩国的科技竞争潜力指数值在 2022 年表现较为突出，但科技竞争实力指数值与中国、日本两国存在一定差距，科技竞争效力指数值低于日本。中国 2022 年的科技竞争效力指数值为三国最低，有待进一步提升。2011 年，中国的科技竞争实力指数值为三国最低值；2011～2022 年，中国的科技竞争力水平出现了显著提升，科技竞争实力指数值远高于日本和韩国，科技竞争潜力指数值超越日本（见图 3 - 8 和图 3 - 9）。

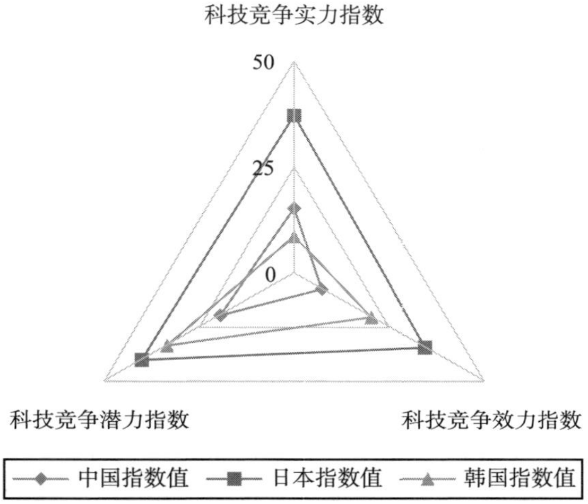

科技竞争实力指数

科技竞争潜力指数 科技竞争效力指数

—◆— 中国指数值 —■— 日本指数值 —▲— 韩国指数值

图3-8 2011年中国、日本、韩国三国科技竞争力二级指数值比较

资料来源：指标值根据"十步骤"计算，数据来源为科睿唯安 InCites 数据库、经济合作与发展组织（OECD）数据库、世界知识产权组织、世界银行数据库。

科技竞争实力指数

科技竞争潜力指数 科技竞争效力指数

—◆— 中国指数值 —■— 日本指数值 —▲— 韩国指数值

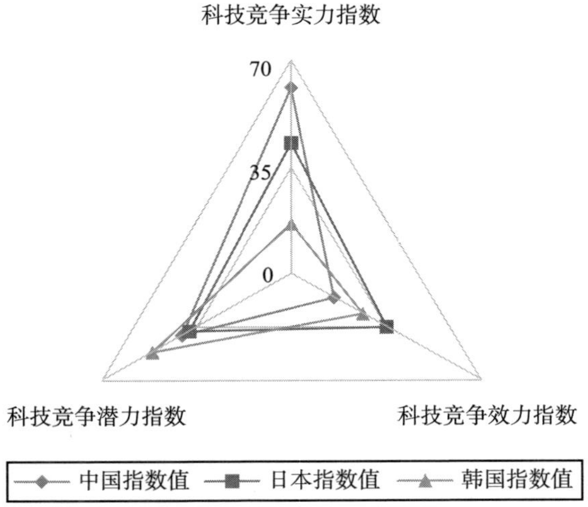

图3-9 2022年中国、日本、韩国三国科技竞争力二级指数值比较

资料来源：指标值根据"十步骤"计算，数据来源为科睿唯安 InCites 数据库、经济合作与发展组织（OECD）数据库、世界知识产权组织、世界银行数据库。

第二节　中国国家科技竞争力概况

一、中国科技竞争力指数演进

2011～2022 年，中国科技竞争力指数值稳步上升，始终高于 34 个国家的平均值，且优势不断增加，但与 34 个国家最大值相比仍有较大增长空间。2011～2022 年，中国科技竞争力指数值年均增长率达到 8.99%，远高于 34 个国家平均值的年均增长率（3.50%）和最大值的年均增长率（1.79%）。2011～2022 年，中国科技竞争力指数年增长率整体呈先上升后下降态势，2015 年科技竞争力指数年增长率最高（见图 3－10）。2011 年，中国科技竞争力指数值为 11.04；2015 年，中国科技竞争力指数为 18.78，这一阶段中国科技竞争力指数年增长率最高值为 18.26%。2016 年起，中国科技竞争力指数年增长率开始下降，增速变慢。2016～2020 年，中国科技竞争力指数值由 21.99上升至 28.75，年均增长率为 6.93%。

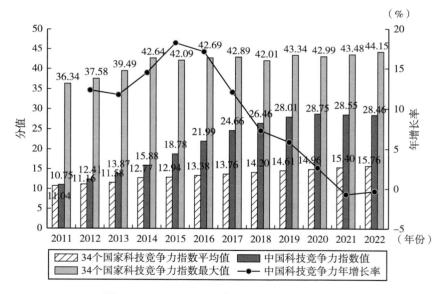

图 3－10　2011～2022 年中国科技竞争力演进

资料来源：指标值根据"十步骤"计算，数据来源为科睿唯安 InCites 数据库、经济合作与发展组织（OECD）数据库、世界知识产权组织、世界银行数据库。

二、中国科技竞争力二级指数分析

2022 年，中国科技竞争实力指数值为 61.0，高于 34 个国家平均值（10.8），低于 34 个国家最大值（86.4），排名第 2 位；相较于 2011 年，指数值有较大提升，排名上升了 2 位，与 34 个国家的最大值差距减小。科技竞争效力指数值为 15.6，低于 34 个国家的平均值（23.2），约为 34 个国家最大值（78.4）的 1/5，排名第 24 位；相较于 2011 年，指数值有较大提升，排名上升了 4 位。科技竞争潜力指数值为 40.5，高于 34 个国家的平均值（27.0），低于 34 个国家的最大值（67.0），排名第 7 位；相较于 2011 年，指数值有较大提升，排名上升了 11 位（见图 3 – 11 和图 3 – 12）。

图 3 – 11　2011 年中国科技竞争力二级指数值与
34 个国家最大值、平均值比较

资料来源：指标值根据"十步骤"计算，数据来源为科睿唯安 InCites 数据库、经济合作与发展组织（OECD）数据库、世界知识产权组织、世界银行数据库。

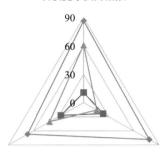

图 3－12　2022 年中国科技竞争力二级指数值与 34 个国家最大值、平均值比较

资料来源：指标值根据"十步骤"计算，数据来源为科睿唯安 InCites 数据库、经济合作与发展组织（OECD）数据库、世界知识产权组织、经济合作与发展组织和世界银行数据库。

第四章

国家科技竞争实力指数

第一节　中国科技竞争实力演进

一、中国科技竞争实力指数演进

2011~2022 年，中国科技竞争实力指数稳步上升，2017 年起，中国科技竞争实力指数值达到 34 个国家最大值的一半以上（见图 4 - 1）。2017 年中国科技竞争力指数值为 40.72，与 2011 年的指数值 15.27 相比提升了 166.67%，达到了当年 34 个国家科技竞争力指数最大值（分值为 80.61）的 50.51%。

2011~2022 年，中国科技竞争实力指数值年平均增长率为 13.41%，远高于 34 个国家平均值的年平均增长率（4.65%），但近年来年增长率则呈现下降趋势，整体呈现震荡变化趋势。2011~2016 年，中国科技竞争实力指数年均增长率为 18.13%，其中 2016 年增长率为最高值（21.86%），随后整体呈现出逐年下降的趋势；2017~2022 年，中国科技竞争实力指数值年均增长率为 8.41%。2021 年，中国科技竞争实力指数年增长率将为 4.14%，是 2011 年以来最低增长率，2022 年，中国科技竞争实力指数年增长率回升。

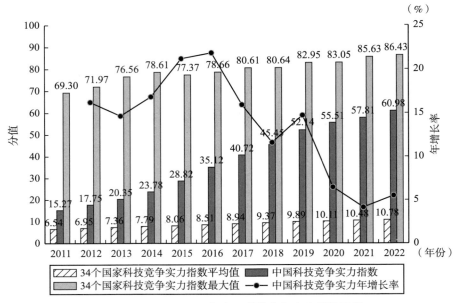

图 4 - 1　2011～2022 年中国科技竞争实力指数演进

资料来源：指标值根据"十步骤"计算，数据来源为科睿唯安 InCites 数据库、经济合作与发展组织（OECD）数据库、世界知识产权组织、世界银行数据库。

二、中国科技竞争实力指数各指标

2011 年，中国科技竞争实力指数各指标得分均不理想，其中三方专利授权量（指标得分 9.17）、知识产权使用费收入（指标得分 1.21）未超过 34 个国家的平均值，有较大提升空间。国际期刊论文发表量、国际期刊论文被引量、本国居民专利授权量、PCT 专利申请量等指标得分虽超过 34 个国家平均值，但与最大值之间存在较大差距，应予以重点关注。具体见图 4－2。

与 2011 年相比，2022 年中国的科技竞争实力指数各指标得分均有较大提升，其中国际期刊论文发表量指标得分（98.26）、本国居民专利授权量指标得分（100.00）、PCT 专利申请量指标得分（100.00）均为 34 个国家的最大值。在其他专利方面，如国际期刊论文被引量、三方专利授权量、知识产权使用费收入等指标得分也有较大提升。但知识产权使用费收入指标得分仅为 8.90 分，仍与 34 个国家平均值存在一定的差距。由此看出 2022 年中国科技竞争实力指数的短板为知识产权使用费收入，应进一步加强。具体见图 4－3。

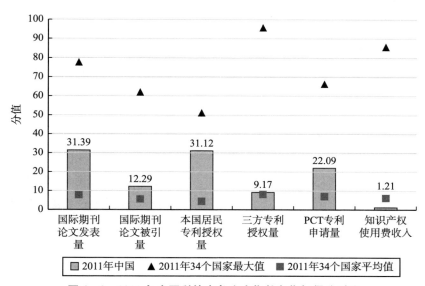

图 4 - 2　2011 年中国科技竞争实力指数各指标得分对比

　　资料来源：指标值根据"十步骤"计算，数据来源为科睿唯安 InCites 数据库、经济合作与发展组织（OECD）数据库、世界知识产权组织、世界银行数据库。

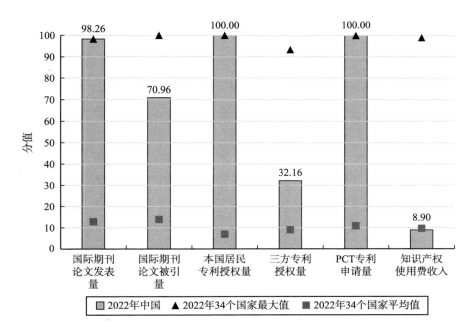

图 4 - 3　2022 年中国科技竞争实力指数各指标得分对比

　　资料来源：指标值根据"十步骤"计算，数据来源为科睿唯安 InCites 数据库、经济合作与发展组织（OECD）数据库、世界知识产权组织、世界银行数据库。

第二节　国家科技竞争实力比较与演进

34 个国家的国家科技竞争实力指数排名显示，2022 年，美国科技竞争实力最强，科技竞争实力指数值为 86.43；中国名列第 2 位，科技竞争实力指数值为 60.98；日本名列第 3 位，科技竞争实力指数值为 43.06，约为美国的 1/2。科技竞争实力指数名列第 4～9 位的国家依次为德国、英国、韩国、荷兰、法国和瑞士，科技竞争实力指数值依次为 27.76、18.64、16.51、12.71、11.77 和 11.48。意大利虽然名列第 10 位，但科技竞争实力指数值低于 10，为 9.00（见图 4-4）。

2020 年，美国科技竞争实力最强，科技竞争实力指数值为 83.05，中国名列第 2 位，科技竞争实力指数值为 55.51；日本名列第 3 位，科技竞争实力指数值为 42.09。科技竞争实力指数名列第 4～10 位的国家依次为德国、英国、韩国、荷兰、法国、瑞士和意大利。科技竞争实力指数值依次为 24.83、17.92、14.70、13.99、11.91、10.68 和 8.12（见图 4-5）。

2015 年，美国科技竞争实力最强，科技竞争实力指数值为 77.37；日本名列第 2 位，科技竞争实力指数值为 39.25，约为美国的 1/2；中国名列第 3 位，科技竞争实力指数值为 28.82，仅约为美国的 1/3。科技竞争实力指数名列第 4～8 位的国家依次为德国、英国、荷兰、法国和韩国，科技竞争实力指数值依次为 19.74、14.91、12.01、11.63 和 11.24。瑞士和意大利虽然分别名列第 9 位和第 10 位，但科技竞争实力指数值均低于 10，分别为 8.47 和 6.29（见图 4-6）。

2022 年中国科技竞争实力指数排名与 2020 年保持一致，相比 2015 年上升 1 位，相比 2011 年上升 2 位，超过日本、德国。2011～2022 年，中国科技竞争实力指数值增加了 45.71，增长率达到 299.35%。2011 年中国科技竞争实力指数值仅为美国的 22.03%，2015 年增长至美国的 37.35%，2020 年增长至美国的 66.84%，2022 年增长至美国的 70.55%。

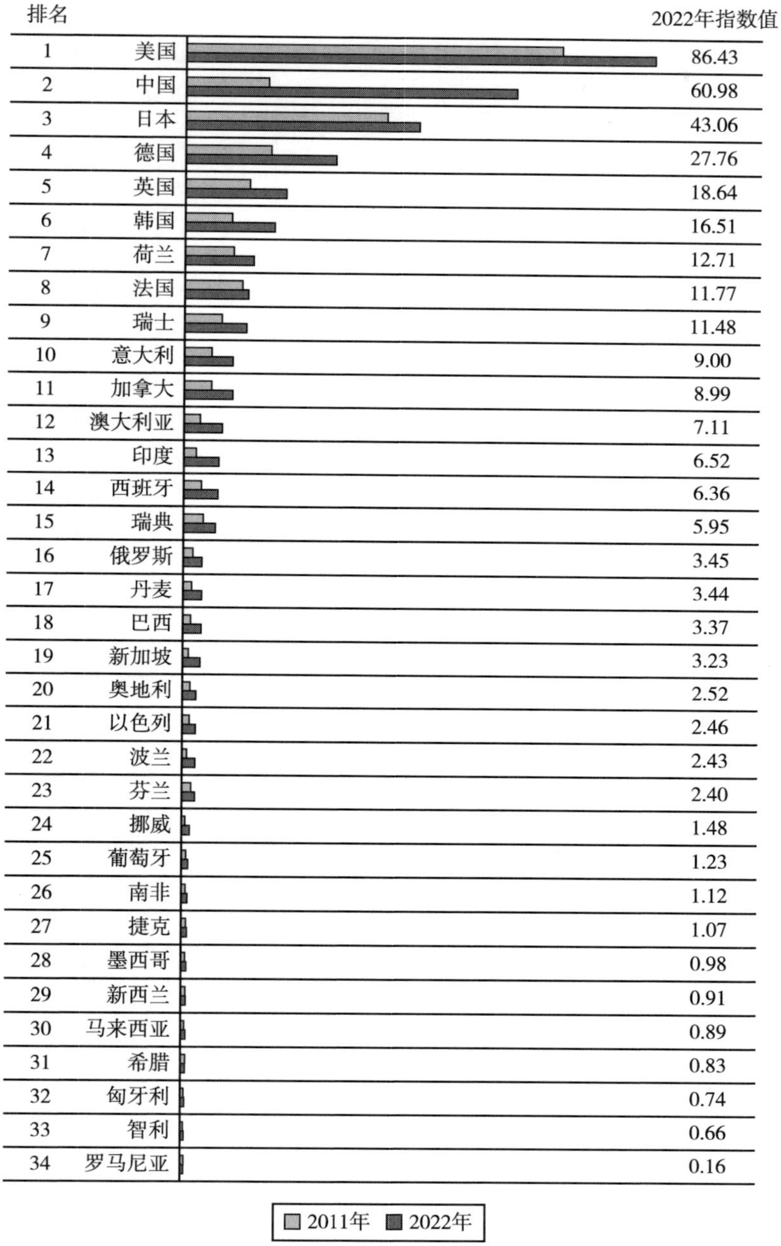

排名			2022年指数值
1	美国		86.43
2	中国		60.98
3	日本		43.06
4	德国		27.76
5	英国		18.64
6	韩国		16.51
7	荷兰		12.71
8	法国		11.77
9	瑞士		11.48
10	意大利		9.00
11	加拿大		8.99
12	澳大利亚		7.11
13	印度		6.52
14	西班牙		6.36
15	瑞典		5.95
16	俄罗斯		3.45
17	丹麦		3.44
18	巴西		3.37
19	新加坡		3.23
20	奥地利		2.52
21	以色列		2.46
22	波兰		2.43
23	芬兰		2.40
24	挪威		1.48
25	葡萄牙		1.23
26	南非		1.12
27	捷克		1.07
28	墨西哥		0.98
29	新西兰		0.91
30	马来西亚		0.89
31	希腊		0.83
32	匈牙利		0.74
33	智利		0.66
34	罗马尼亚		0.16

■ 2011年　■ 2022年

图 4-4　2011 年和 2022 年 34 个国家科技竞争实力指数

资料来源：指标值根据"十步骤"计算，数据来源为科睿唯安 InCites 数据库、经济合作与发展组织（OECD）数据库、世界知识产权组织、世界银行数据库。

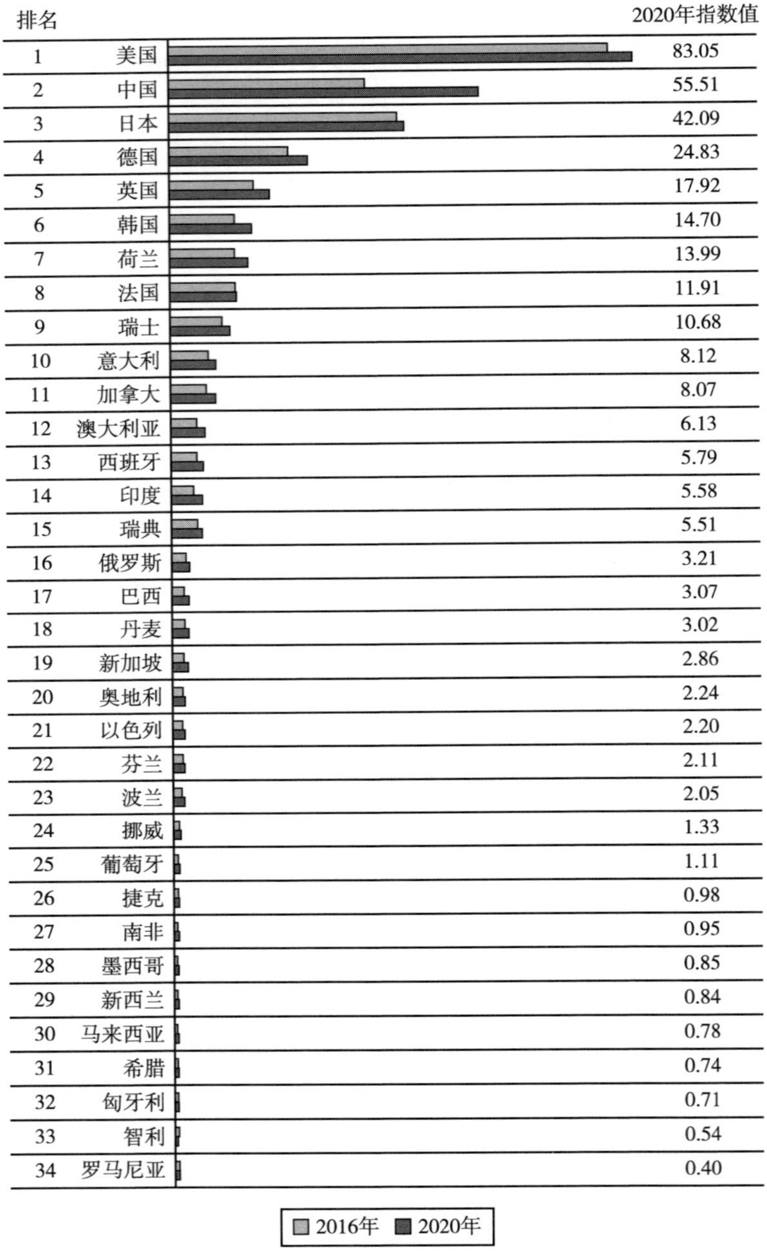

排名		2020年指数值
1	美国	83.05
2	中国	55.51
3	日本	42.09
4	德国	24.83
5	英国	17.92
6	韩国	14.70
7	荷兰	13.99
8	法国	11.91
9	瑞士	10.68
10	意大利	8.12
11	加拿大	8.07
12	澳大利亚	6.13
13	西班牙	5.79
14	印度	5.58
15	瑞典	5.51
16	俄罗斯	3.21
17	巴西	3.07
18	丹麦	3.02
19	新加坡	2.86
20	奥地利	2.24
21	以色列	2.20
22	芬兰	2.11
23	波兰	2.05
24	挪威	1.33
25	葡萄牙	1.11
26	捷克	0.98
27	南非	0.95
28	墨西哥	0.85
29	新西兰	0.84
30	马来西亚	0.78
31	希腊	0.74
32	匈牙利	0.71
33	智利	0.54
34	罗马尼亚	0.40

■ 2016年 ■ 2020年

图 4 - 5 2016 年和 2020 年 34 个国家科技竞争实力指数

资料来源：指标值根据"十步骤"计算，数据来源为科睿唯安 InCites 数据库、经济合作与发展组织（OECD）数据库、世界知识产权组织、世界银行数据库。

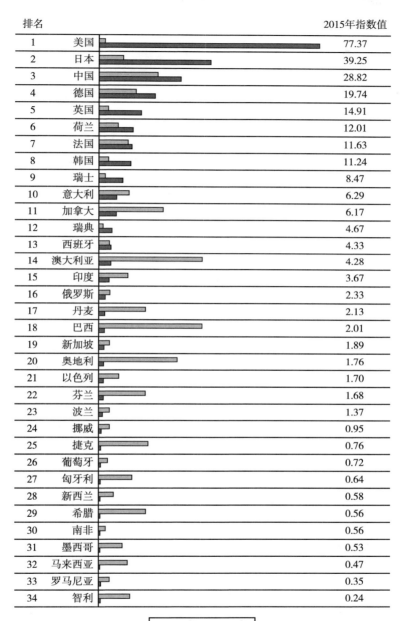

排名		2015年指数值
1	美国	77.37
2	日本	39.25
3	中国	28.82
4	德国	19.74
5	英国	14.91
6	荷兰	12.01
7	法国	11.63
8	韩国	11.24
9	瑞士	8.47
10	意大利	6.29
11	加拿大	6.17
12	瑞典	4.67
13	西班牙	4.33
14	澳大利亚	4.28
15	印度	3.67
16	俄罗斯	2.33
17	丹麦	2.13
18	巴西	2.01
19	新加坡	1.89
20	奥地利	1.76
21	以色列	1.70
22	芬兰	1.68
23	波兰	1.37
24	挪威	0.95
25	捷克	0.76
26	葡萄牙	0.72
27	匈牙利	0.64
28	新西兰	0.58
29	希腊	0.56
30	南非	0.56
31	墨西哥	0.53
32	马来西亚	0.47
33	罗马尼亚	0.35
34	智利	0.24

■ 2011年　■ 2015年

图 4－6　2011 年和 2015 年 34 个国家科技竞争实力指数

资料来源：指标值根据"十步骤"计算，数据来源为科睿唯安 InCites 数据库、经济合作与发展组织（OECD）数据库、世界知识产权组织、世界银行数据库。

第五章

国家科技竞争效力指数

第一节　中国科技竞争效力演进

一、中国科技竞争效力指数演进

2011~2022年，中国科技竞争效力指数呈现先上升后下降发展态势，并且一直低于34个国家平均值，2018年，中国科技竞争效力指数值与34个国家平均值差距最小，如图5-1所示。2019年，中国科技竞争效力指数取得最大值，为18.254（2018年中国科技竞争效力指数值为18.251），与2011年（指数值7.24）相比上升了152.1%，但仅为2019年34个国家最大值76.22的23.95%。

2011~2022年，中国科技竞争效力指数值年均增长率达到7.26%，远高于34个国家平均值的年均增长率（3.47%）和最大值的年均增长率（3.64%），2015年中国科技竞争效力指数年增长率最高（22.31%）。2016年起，中国科技竞争力指数年增长率开始下降，增速变慢。2016~2020年，中国科技竞争力指数值由15.41上升至17.75，年均增长率为3.60%。2020年以后，中国科技竞争效力指数年增长率开始表现为负数，2021年，中国科技竞争效力指数年增长率最小（-6.82%），2022年中国科技竞争效力指数年增长率开始回升，但仍为负值增长。

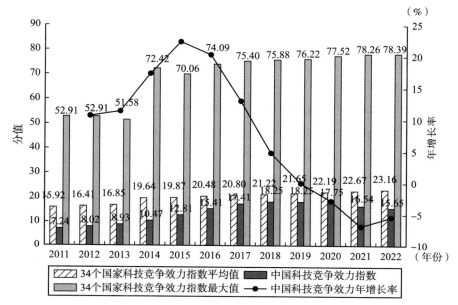

图 5-1　2011~2022 年中国科技竞争效力指数演进

资料来源：指标值根据"十步骤"计算，数据来源为科睿唯安 InCites 数据库、经济合作与发展组织（OECD）数据库、世界知识产权组织、世界银行数据库。

二、中国科技竞争效力指数各指标

2011 年，中国科技竞争效力各指标中，单位研发投入本国居民专利授权量指标得分（30.44）超过 34 个国家的平均值，单位研发投入知识产权使用费收入指标得分（0.00）略低于 34 个国家的平均值，其他指标得分与 34 个国家平均值之间均存在一定的差距。由此可以看出，中国在单位论文及专利产出的效率方面还需要进一步加强（见图 5-2）。

2022 年中国科技竞争效力各指标中，与 2011 年相比除单位研发投入知识产权使用费收入外，其余各指标得分均有一定幅度的提升，尤其是单位研发投入本国居民专利授权量得分（48.29）显著超过 34 个国家平均值（12.69），单位研发投入 PCT 专利申请量得分（22.11）略高于 34 个国家的平均值（20.05）。但其他指标得分与 34 个国家的平均值仍存在一定的差距，有待进一步提升（见图 5-3）。

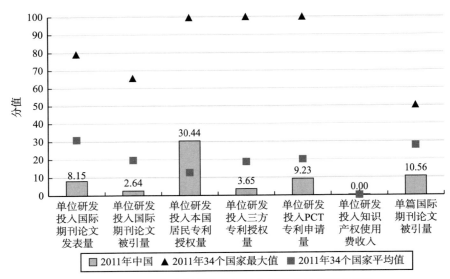

图 5 - 2　2011 年中国科技竞争效力指数各指标得分对比

资料来源：指标值根据"十步骤"计算，数据来源为科睿唯安 InCites 数据库、经济合作与发展组织（OECD）数据库、世界知识产权组织、世界银行数据库。

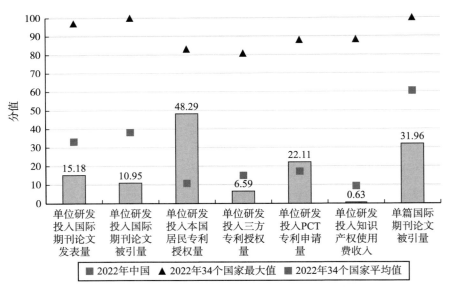

图 5 - 3　2022 年中国科技竞争效力指数各指标得分对比

资料来源：指标值根据"十步骤"计算，数据来源为科睿唯安 InCites 数据库、经济合作与发展组织（OECD）数据库、世界知识产权组织、世界银行数据库。

第二节 国家科技竞争效力比较与演进

34 个国家科技竞争效力指数排名显示，2022 年，瑞士科技竞争效力指数表现最强，科技竞争效力指数值为 78.39；荷兰名列第 2 位，科技竞争效力指数值为 40.92；丹麦名列第 3 位，科技竞争效力指数值为 37.86。科技竞争效力指数名列第 4～10 位的国家依次为日本、新加坡、智利、瑞典、芬兰、意大利和德国，指数值依次为 35.02、34.94、33.45、33.42、30.02、28.15 和 26.83。中国科技竞争效力排名第 24 位，科技竞争效力指数值为 15.65（见图 5－4）。

2020 年，瑞士科技竞争效力最强，科技竞争效力指数值为 77.52；荷兰名列第 2 位，科技竞争效力指数值为 45.06；日本名列第 3 位，科技竞争效力指数值为 36.63；科技竞争效力指数名列第 4～10 位的国家依次为瑞典、丹麦、智利、新加坡、芬兰、德国和意大利，科技竞争效力指数值依次为 32.83、32.81、32.57、30.09、27.31、26.25 和 24.98。中国科技竞争效力排名第 21 位，科技竞争效力指数值为 17.75（见图 5－5）。

2015 年，瑞士科技竞争效力指数表现最强，科技竞争效力指数值为 70.06；荷兰名列第 2 位，科技竞争效力指数值为 48.24；日本名列第 3 位，科技竞争效力指数值为 36.10。科技竞争效力指数名列第 4～10 位的国家依次为瑞典、美国、德国、丹麦、智利、芬兰和意大利，指数值依次为 31.41、27.23、25.44、25.23、24.90、24.21 和 24.05。中国科技竞争效力排名第 24 位，科技竞争效力指数值为 12.81（见图 5－6）。

2022 年中国科技竞争效力指数排名相比 2020 年下降了 3 位，与 2015 年保持一致，相比 2011 年上升了 4 位。2011～2022 年，中国科技竞争效力指数值增加了 8.41，增长率为 116.16%。虽然增长率超过 100%，但是由于基数较小，绝对量增长较为缓慢。2011 年中国科技竞争效力指数值仅为 34 个国家最大值（瑞士，52.91）的 13.69%，2015 年增长至 34 个国家最大值（瑞士，70.06）的 18.28%，2020 年增长至 34 个国家最大值（瑞士，77.52）的 22.90%，2022 年增长至 34 个国家最大值（瑞士，78.39）的 19.96%。

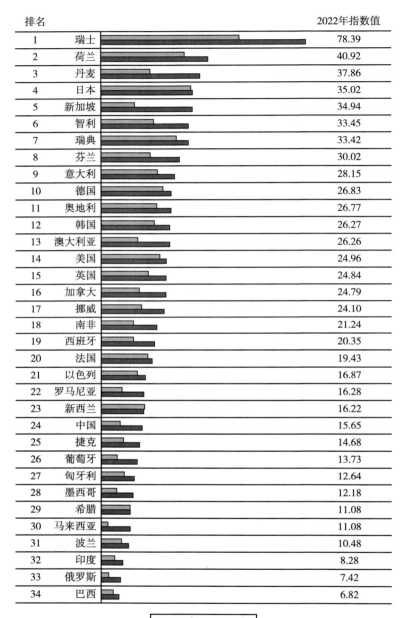

图 5 - 4　2011 年和 2022 年 34 个国家科技竞争效力指数

资料来源：指标值根据"十步骤"计算，数据来源为科睿唯安 InCites 数据库、经济合作与发展组织（OECD）数据库、世界知识产权组织、世界银行数据库。

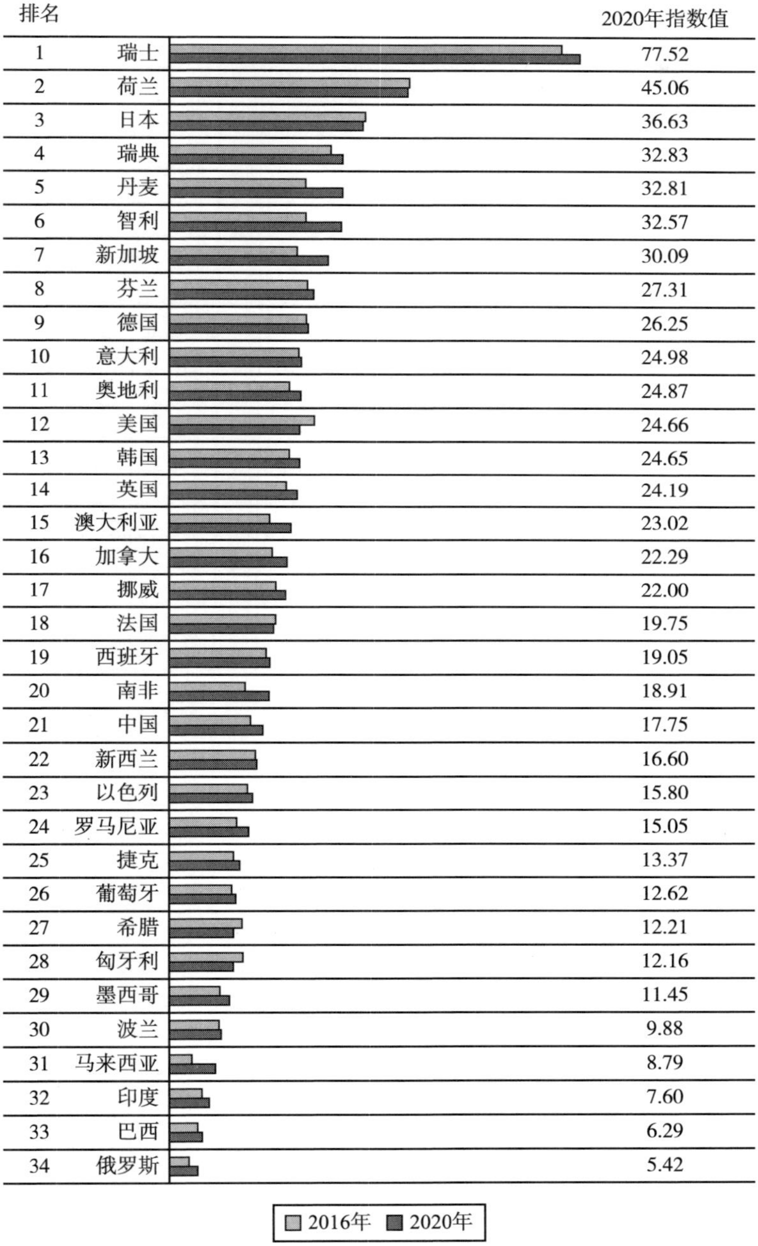

排名		2020年指数值
1	瑞士	77.52
2	荷兰	45.06
3	日本	36.63
4	瑞典	32.83
5	丹麦	32.81
6	智利	32.57
7	新加坡	30.09
8	芬兰	27.31
9	德国	26.25
10	意大利	24.98
11	奥地利	24.87
12	美国	24.66
13	韩国	24.65
14	英国	24.19
15	澳大利亚	23.02
16	加拿大	22.29
17	挪威	22.00
18	法国	19.75
19	西班牙	19.05
20	南非	18.91
21	中国	17.75
22	新西兰	16.60
23	以色列	15.80
24	罗马尼亚	15.05
25	捷克	13.37
26	葡萄牙	12.62
27	希腊	12.21
28	匈牙利	12.16
29	墨西哥	11.45
30	波兰	9.88
31	马来西亚	8.79
32	印度	7.60
33	巴西	6.29
34	俄罗斯	5.42

□ 2016年 ■ 2020年

图 5－5 2016 年和 2022 年 34 个国家科技竞争效力指数

资料来源：指标值根据"十步骤"计算，数据来源为科睿唯安 InCites 数据库、经济合作与发展组织（OECD）数据库、世界知识产权组织、世界银行数据库。

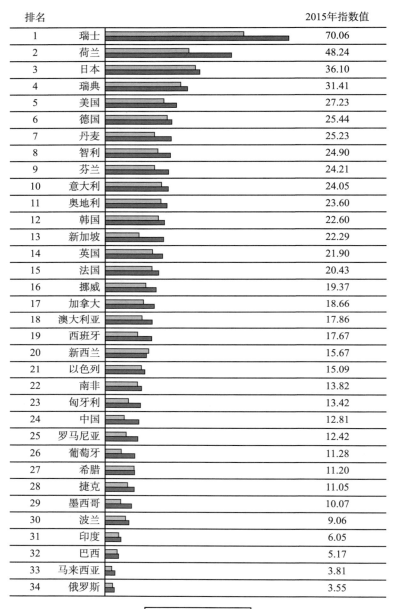

排名			2015年指数值
1	瑞士		70.06
2	荷兰		48.24
3	日本		36.10
4	瑞典		31.41
5	美国		27.23
6	德国		25.44
7	丹麦		25.23
8	智利		24.90
9	芬兰		24.21
10	意大利		24.05
11	奥地利		23.60
12	韩国		22.60
13	新加坡		22.29
14	英国		21.90
15	法国		20.43
16	挪威		19.37
17	加拿大		18.66
18	澳大利亚		17.86
19	西班牙		17.67
20	新西兰		15.67
21	以色列		15.09
22	南非		13.82
23	匈牙利		13.42
24	中国		12.81
25	罗马尼亚		12.42
26	葡萄牙		11.28
27	希腊		11.20
28	捷克		11.05
29	墨西哥		10.07
30	波兰		9.06
31	印度		6.05
32	巴西		5.17
33	马来西亚		3.81
34	俄罗斯		3.55

☐ 2011年 ■ 2015年

图 5－6　2011 年和 2015 年 34 个国家科技竞争效力指数

资料来源：指标值根据"十步骤"计算，数据来源为科睿唯安 InCites 数据库、经济合作与发展组织（OECD）数据库、世界知识产权组织、世界银行数据库。

第六章

国家科技竞争潜力指数

第一节　中国科技竞争潜力演进

一、中国科技竞争潜力指数演进

2011～2022 年，中国科技竞争潜力指数值稳步上升，自 2012 年超过 34 个国家平均值后优势不断扩大，且与 34 个国家最大值的差距逐步缩小（见图 6-1）。2022 年中国科技竞争潜力指数值为 40.47，与 2011 年指数值 19.48 相比提升了 107.75%，但与 34 个国家科技竞争潜力指数最大值（美国，67.05）相比，仍有较大差距。2011～2022 年，中国科技竞争潜力指数值年增长率呈震荡式变化，增长率表现为先下降后上升又下降的态势。整体来看，2011～2022 年中国科技竞争潜力指数年均增长率为 6.87%，高于 34 个国家科技竞争潜力指数平均值的年均增长率（2.08%）和 34 个国家科技竞争潜力指数最大值的年均增长率（3.46%）。

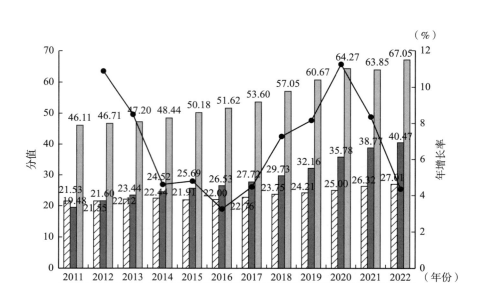

图 6 - 1　2011 ~ 2022 年中国科技竞争潜力指数演进

资料来源：指标值根据"十步骤"计算，数据来源为科睿唯安 InCites 数据库、经济合作与发展组织（OECD）数据库、世界知识产权组织、世界银行数据库。

二、中国科技竞争潜力指数各指标

图 6 - 2 为 2011 年中国科技竞争潜力指数各指标得分与 34 个国家的最大值及平均值比较的结果。通过该图可以观察中国科技竞争潜力指数各指标的优劣势。2011 年，中国的研究人员总数指标得分为 49.04 分，为 34 个国家的最大值，远超出 34 个国家的平均值；研发经费投入总额指标得分为 16.89 分，超过同期 34 个国家的平均值；但其他指标得分均未超过 34 个国家的平均值，其中每万人研究人员数和每万名研究人员研发经费投入额表现较差，指标得分显著低于 34 个国家的平均值，有较大提升空间。

图 6 - 3 为将 2022 年中国科技竞争潜力指数各指标得分与 34 个国家的最大值及平均值进行比较得出的结果。通过该图可以观察中国科技竞争潜力指数各指标的优劣势。与 2011 年相比，2022 年中国的研究人员总数指标得分有较大提升，为 100 分，稳居 34 个国家的最高水平。其他指标也有较大进步，2022 年，研发经费投入总额为 57.78 分，远超平均值。研发经费占 GDP 的比重也有所上升，超过了 34 个国家平均值；每万人研究人员数和每万名研究人员研发经费投入额虽然仍低于平均值，但其指标得分也有一定的进步。

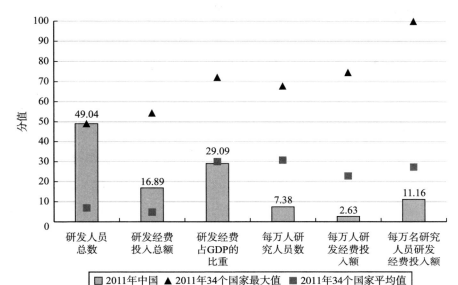

图 6 - 2　2011 年中国科技竞争潜力指数各指标得分对比

资料来源：指标值根据"十步骤"计算，数据来源为科睿唯安 InCites 数据库、经济合作与发展组织（OECD）数据库、世界知识产权组织、世界银行数据库。

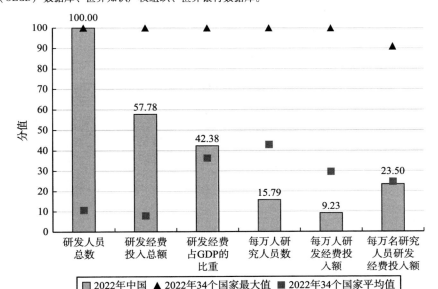

图 6 - 3　2022 年中国科技竞争潜力指数各指标得分对比

资料来源：指标值根据"十步骤"计算，数据来源为科睿唯安 InCites 数据库、经济合作与发展组织（OECD）数据库、世界知识产权组织、世界银行数据库。

第二节　国家科技竞争潜力比较与演进

34 个国家科技竞争潜力指数排名显示，2022 年美国科技竞争潜力最强，科技竞争潜力指数值为 67.05；以色列名列第 2 位，科技竞争潜力指数值为 60.65；瑞士名列第 3 位，科技竞争潜力指数值为 51.55。科技竞争潜力指数名列第 4～10 位的国家依次为韩国、瑞典、德国、中国、丹麦、芬兰和日本，科技竞争潜力指数值依次为 51.40、47.75、40.55、40.47、39.45、37.95 和 37.80。中国名列第 7 位，科技竞争潜力指数值为 40.47，与主要发达国家相比仍然有差距（见图 6-4）。

2020 年，美国科技竞争潜力最强，科技竞争潜力指数值为 64.27；以色列名列第 2 位，科技竞争潜力指数值为 56.43；韩国名列第 3 位，科技竞争潜力指数值为 48.79。科技竞争潜力指数名列第 4～10 位的国家依次为瑞士、瑞典、日本、德国、丹麦、中国和奥地利，科技竞争潜力指数值依次为 45.84、41.50、39.73、38.30、38.27、35.78 和 35.36。中国位于第 9 位，科技竞争潜力指数值为 35.78（见图 6-5）。

2015 年美国科技竞争潜力最强，科技竞争潜力指数值为 50.18；瑞士名列第 2 位，科技竞争潜力指数值为 43.45；以色列名列第 3 位，科技竞争潜力指数值为 43.19。科技竞争潜力指数名列第 4～10 位的国家依次为韩国、瑞典、日本、丹麦、德国、芬兰和奥地利，科技竞争潜力指数值依次为 39.27、37.44、37.33、37.08、33.99、32.38 和 32.32。中国位于第 14 位，科技竞争潜力指数值为 25.69（见图 6-6）。

2022 年中国科技竞争潜力指数排名相比 2020 年上升了 2 位，相比 2015 年上升了 7 位，相比 2011 年，上升了 11 位。2011～2022 年，中国科技竞争潜力指数值增加了 20.99，增长率达到 107.75%，在 34 个国家中排名第 7 位；绝对增加值在 34 个参评国家中名列第 2 位，仅次于以色列。2011 年中国科技竞争潜力指数值为美国的 29.05%，2015 年增长至美国的 51.20%，2020 年增长至美国的 55.67%，2022 年增长至美国的 60.35%。

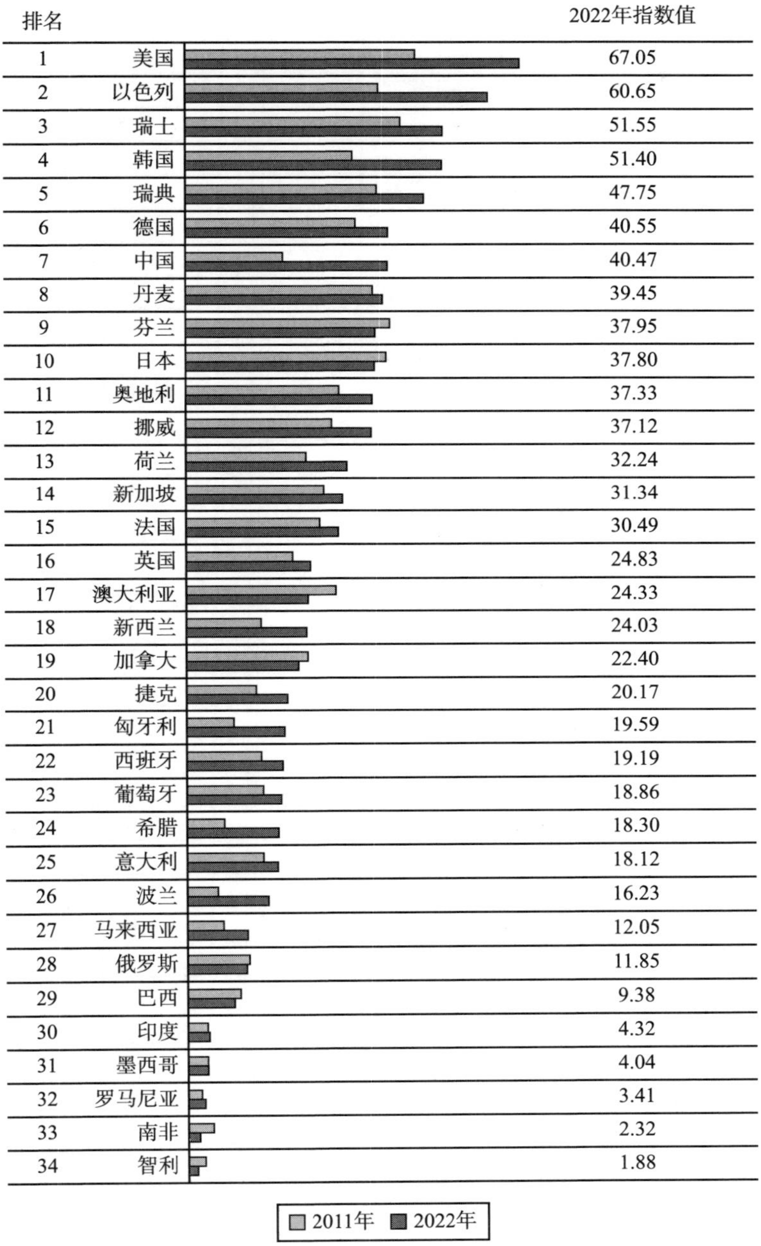

排名		2022年指数值
1	美国	67.05
2	以色列	60.65
3	瑞士	51.55
4	韩国	51.40
5	瑞典	47.75
6	德国	40.55
7	中国	40.47
8	丹麦	39.45
9	芬兰	37.95
10	日本	37.80
11	奥地利	37.33
12	挪威	37.12
13	荷兰	32.24
14	新加坡	31.34
15	法国	30.49
16	英国	24.83
17	澳大利亚	24.33
18	新西兰	24.03
19	加拿大	22.40
20	捷克	20.17
21	匈牙利	19.59
22	西班牙	19.19
23	葡萄牙	18.86
24	希腊	18.30
25	意大利	18.12
26	波兰	16.23
27	马来西亚	12.05
28	俄罗斯	11.85
29	巴西	9.38
30	印度	4.32
31	墨西哥	4.04
32	罗马尼亚	3.41
33	南非	2.32
34	智利	1.88

□ 2011年　■ 2022年

图 6-4　2011 年和 2022 年 34 个国家科技竞争潜力指数

资料来源：指标值根据"十步骤"计算，数据来源为科睿唯安 InCites 数据库、经济合作与发展组织（OECD）数据库、世界知识产权组织、世界银行数据库。

排名		2020年指数值
1	美国	64.27
2	以色列	56.43
3	韩国	48.79
4	瑞士	45.84
5	瑞典	41.50
6	日本	39.73
7	德国	38.30
8	丹麦	38.27
9	中国	35.78
10	奥地利	35.36
11	芬兰	35.21
12	挪威	34.85
13	荷兰	29.31
14	新加坡	28.58
15	法国	28.14
16	澳大利亚	24.30
17	英国	22.95
18	加拿大	22.69
19	新西兰	20.69
20	捷克	18.59
21	葡萄牙	17.81
22	意大利	16.88
23	匈牙利	15.35
24	西班牙	15.02
25	希腊	14.41
26	波兰	12.97
27	俄罗斯	11.30
28	马来西亚	11.16
29	巴西	9.30
30	印度	4.12
31	墨西哥	3.52
32	罗马尼亚	3.17
33	南非	2.90
34	智利	2.37

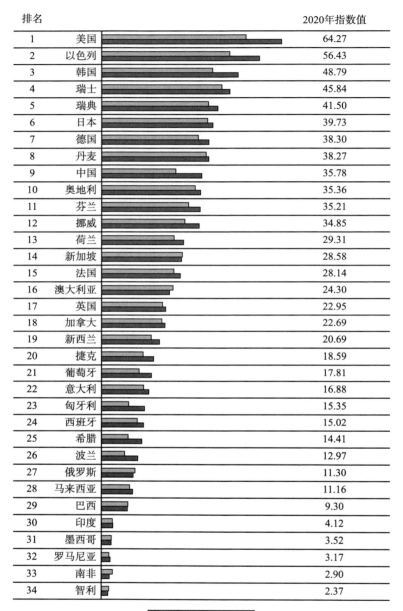

■ 2016年 ■ 2020年

图 6-5 2016 年和 2020 年 34 个国家科技竞争潜力指数

资料来源：指标值根据"十步骤"计算，数据来源为科睿唯安 InCites 数据库、经济合作与发展组织（OECD）数据库、世界知识产权组织、世界银行数据库。

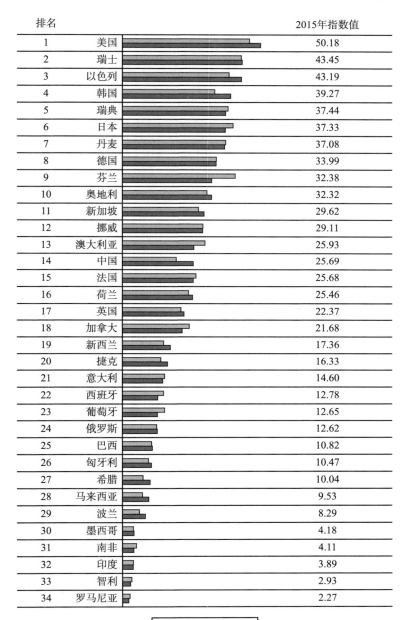

排名		2015年指数值
1	美国	50.18
2	瑞士	43.45
3	以色列	43.19
4	韩国	39.27
5	瑞典	37.44
6	日本	37.33
7	丹麦	37.08
8	德国	33.99
9	芬兰	32.38
10	奥地利	32.32
11	新加坡	29.62
12	挪威	29.11
13	澳大利亚	25.93
14	中国	25.69
15	法国	25.68
16	荷兰	25.46
17	英国	22.37
18	加拿大	21.68
19	新西兰	17.36
20	捷克	16.33
21	意大利	14.60
22	西班牙	12.78
23	葡萄牙	12.65
24	俄罗斯	12.62
25	巴西	10.82
26	匈牙利	10.47
27	希腊	10.04
28	马来西亚	9.53
29	波兰	8.29
30	墨西哥	4.18
31	南非	4.11
32	印度	3.89
33	智利	2.93
34	罗马尼亚	2.27

☐ 2011年 ■ 2015年

图 6 - 6 2011 年和 2015 年 34 个国家科技竞争潜力指数

资料来源：指标值根据"十步骤"计算，数据来源为科睿唯安 InCites 数据库、经济合作与发展组织（OECD）数据库、世界知识产权组织、世界银行数据库。

第七章

金砖国家科技竞争力指数概况

第一节　印　　度

一、印度科技竞争力指数的相对优势比较

印度的科技竞争力指数排名相对靠后，2022 年在 34 个国家中位居第 25 名，与 2011 年相比上升了 1 位（见表 7 - 1）。具体来看，2022 年，印度科技竞争实力指数表现相对较好，在 34 个国家中排第 13 位；2011 年，印度的科技竞争实力指数排在第 15 位，2011~2022 年排名仅上升 2 位。相对科技竞争实力指数而言，印度科技竞争效力指数表现相对较差，2022 年仅排在 34 个国家中的第 32 位，低于 2011 年、2015 年和 2016 年（第 31 位）。同样，印度科技竞争潜力指数表现也不理想，排名基本与其科技竞争效力指数一致。

表 7 - 1　　　　　　印度 2011~2022 年各指数排名及其变化

指数名称	2011 年	2015 年	2011~2015 年排名变化	2016 年	2020 年	2016~2020 年排名变化	2022 年	2011~2022 年排名变化
科技竞争力指数	26	26	→	27	25	↑2	25	↑1
科技竞争实力指数	15	15	→	15	14	↓1	13	↑2

续表

指数名称	2011 年	2015 年	2011 ~ 2015 年排名变化	2016 年	2020 年	2016 ~ 2020 年排名变化	2022 年	2011 ~ 2022 年排名变化
科技竞争效力指数	31	31	→	31	32	↓1	32	↓1
科技竞争潜力指数	32	32	→	31	30	↑1	30	↑2

资料来源：指标值根据"十步骤"计算，数据来源为科睿唯安 InCites 数据库、经济合作与发展组织（OECD）数据库、世界知识产权组织、经济合作与发展组织和世界银行数据库。

2022 年，印度科技竞争实力指数值为 6.5，低于 34 个国家平均值（10.8），不足 34 个国家最大值（86.4）的 8%，排名第 13 位；相较于 2011 年，指数值有小幅提升，排名上升 2 位，与 34 个国家的最大值差距拉大。科技竞争效力指数值为 8.3，低于 34 个国家平均值（23.2），不足 34 个国家最大值（78.4）的 11%，排名第 32 位；相较于 2011 年，科技竞争力指数值有小幅提升，但排名下降了 1 位，与 34 个国家的最大值之间的差距有所拉大。科技竞争潜力指数值为 4.3，低于 34 个国家平均值（27.0），不足 34 个国家最大值（67.0）的 7%，排名第 30 位；相较于 2011 年，指数值几乎保持不变（仅增加 0.3），但排名上升了 2 位，与 34 个国家的最大值差距进一步加大（详见图 7 - 1 和图 7 - 2）。

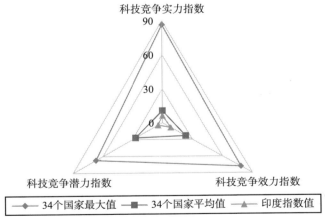

图 7 - 1　印度 2022 年科技竞争力二级指数值与 34 个国家最大值、平均值比较

资料来源：指标值根据"十步骤"计算，数据来源为科睿唯安 InCites 数据库、经济合作与发展组织（OECD）数据库、世界知识产权组织和世界银行数据库。

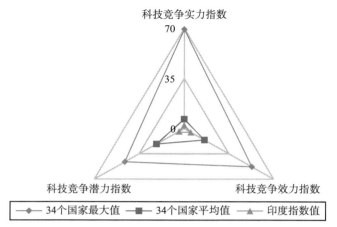

图 7 - 2　印度 2011 年科技竞争力二级指数值与 34 个国家最大值、平均值比较

资料来源：指标值根据"十步骤"计算，数据来源为科睿唯安 InCites 数据库、经济合作与发展组织（OECD）数据库、世界知识产权组织和世界银行数据库。

二、分指数的相对优势研究

1. 科技竞争实力指数

将 2022 年印度科技竞争实力指数各指标得分与 34 个国家的最大值及 34 个国家的平均值进行比较，观察印度科技竞争实力指数各指标的优劣势。与其他金砖国家类似，印度的科技竞争实力指数各指标得分相对较低，多数指标得分未超过 34 个国家平均值，其中本国居民专利授权量（0.52）、知识产权使用费收入（0.93）得分小于 1，但印度的国际期刊论文发表量得分高出 34 个国家平均值（见图 7 - 3）。因此，印度应在专利方面提高本国产出水平，并增加本国知识产权使用费收入。

2. 科技竞争效力指数

将 2022 年印度科技竞争效力指数各指标得分与 34 个国家最大值和平均值进行比较，得出印度科技竞争效力指数各指标的优劣势。印度的科技竞争效力水平仍与 34 个国家平均值存在一定的差距，各指标得分均低于 34 个国家的平均值。其中单位研发投入知识产权使用费收入（0.40）得分小于 1（见图 7 - 4）。由此可以看出印度单位投入所产出的论文、专利数量与 34 个国家平均值之间有一定的差距，产出效率有待进一步提升。

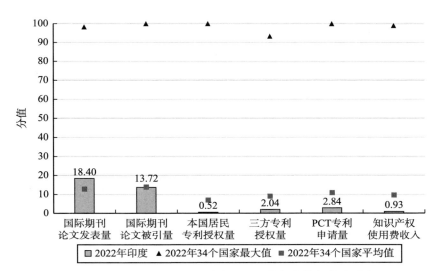

图7-3　印度2022年科技竞争实力分指数各指标得分对比

资料来源：笔者根据科睿唯安 InCites 数据库、世界知识产权组织数据库、经济合作与发展组织（OECD）和世界银行数据库相关数据计算得出。

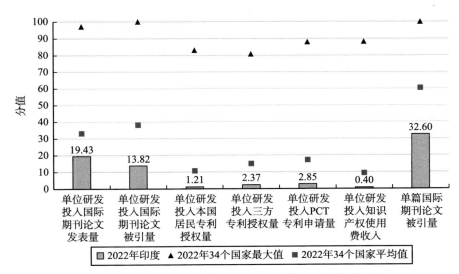

图7-4　印度2022年科技竞争效力分指数各指标得分对比

资料来源：笔者根据科睿唯安 InCites 数据库、世界知识产权组织数据库、经济合作与发展组织（OECD）和世界银行数据库相关数据计算得出。

3. 科技竞争潜力指数

图 7-5 为 2022 年印度科技竞争潜力指数各指标得分与 34 个国家最大值及平均值比较得出的结果。通过图 7-5 可以观察印度科技竞争潜力指数各指标的优劣势。印度的科技竞争潜力表现较差，除研究人员总数（16.00）高于 34 个国家的平均值外，其他指标均低于 34 个国家的平均值。其中每万人研究人员数（1.25）、每万名研究人员研发经费投入额（0.7）以及每万人研发经费投入额（0.1）也与 34 个国家平均值之间存在较大差距，应给予较大重视。

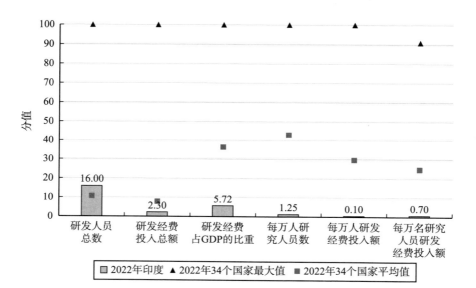

图 7-5　印度 2022 年科技竞争潜力分指数各指标得分对比

资料来源：笔者根据世界银行数据库相关数据计算得出。

第二节　巴　　西

一、巴西科技竞争力指数的相对优势比较

从整体上看，巴西的科技竞争力指数排名较为靠后，2022 年在 34 个国家中排名第 28 位，较 2011 年排名下降 3 位。其中，科技竞争实力指数排名小幅

上升，从 2011 年的第 19 位上升到 2022 年的第 18 位；科技竞争实力指数排名上升了 1 位，而科技竞争效力指数排名则从 2011 年的第 32 位下降到 2022 年的第 34 位，科技竞争潜力排名也从 2011 年的第 25 位下降到 2022 年的第 29 位。详见表 7 - 2。

表 7 - 2 　　　　　　　　巴西 2011～2022 年各指数排名及其变化

指数名称	2011 年	2015 年	2011～2015 年排名变化	2016 年	2020 年	2016～2020 年排名变化	2022 年	2011～2022 年排名变化
科技竞争力指数	25	27	↓2	28	27	↑1	28	↓3
科技竞争实力指数	19	18	↑1	18	17	↑1	18	↑1
科技竞争效力指数	32	32	→	32	33	↓1	34	↓2
科技竞争潜力指数	25	25	→	28	29	↓1	29	↓4

资料来源：指标值根据"十步骤"计算，数据来源为科睿唯安 InCites 数据库、经济合作与发展组织（OECD）数据库、世界知识产权组织和世界银行数据库。

2022 年，巴西科技竞争实力指数值为 3.4，低于 34 个国家平均值（10.8），且不足 34 个国家最大值（86.4）的 4%，排名第 18 位；相较于 2011 年，科技竞争实力指数值有小幅提升，排名上升了 1 位，与 34 个国家的最大值差距拉大。科技竞争效力指数值为 6.8，低于 34 个国家平均值（23.2），不足 34 个国家最大值（78.4）的 9%，排名第 33 位；相较于 2011 年，科技竞争效力指数值有小幅提升，排名下降了 1 位，与 34 个国家的最大值差距有所拉大。科技竞争潜力指数值为 9.4，低于 34 个国家平均值（27.0），不足 34 个国家最大值（67.0）的 14%，排名第 29 位；相较于 2011 年，科技竞争潜力指数值有小幅下滑，排名下降了 4 位，与 34 个国家的最大值差距显著加大。详见图 7 - 6 和图 7 - 7。

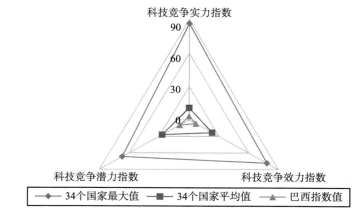

图 7 - 6　巴西 2022 年科技竞争力二级指数值与 34 个国家最大值、平均值比较

资料来源：指标值根据"十步骤"计算，数据来源为科睿唯安 InCites 数据库、经济合作与发展组织（OECD）数据库、世界知识产权组织和世界银行数据库。

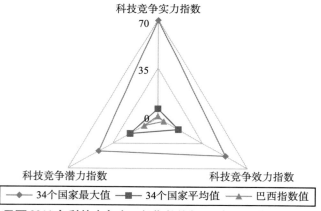

图 7 - 7　巴西 2011 年科技竞争力二级指数值与 34 个国家最大值、平均值比较

资料来源：指标值根据"十步骤"计算，数据来源为科睿唯安 InCites 数据库、经济合作与发展组织（OECD）数据库、世界知识产权组织和世界银行数据库。

二、分指数的相对优势研究

1. 科技竞争实力指数

将 2022 年巴西科技竞争实力指数各分指标得分与 34 个国家的最大值及 34 个国家的平均值进行比较，观察巴西科技竞争实力指数各分指标的优劣势。作为金砖国家之一的巴西，其科技竞争实力各分指标得分均未超过 34 个国家的平均值。其中本国居民专利授权量（0.17）、三方专利授权量（0.23）、PCT 专利申请量（0.77）、知识产权使用费收入（0.57）指标得分均小于 1，有待进一步提升。国际期刊论文发表量及国际期刊论文被引量指标得分虽超过 1，接近 34 个国家的平均值，但与 34 个国家的最大值比，存在非常显著的差距，详见图 7 - 8。

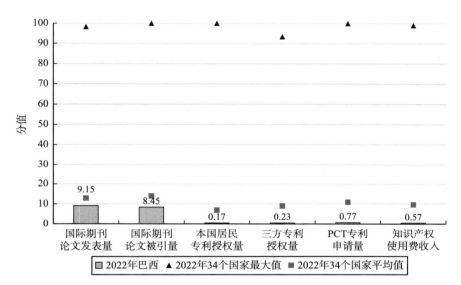

图 7 - 8　巴西 2022 年科技竞争实力分指数各指标得分对比

资料来源：笔者根据科睿唯安 InCites 数据库、世界知识产权组织数据库、经济合作与发展组织（OECD）和世界银行数据库相关数据计算得出。

2. 科技竞争效力指数

将 2022 年巴西科技竞争效力指数各指标得分与 34 个国家最大值与平均值进行比较，观察巴西科技竞争效力指数各指标的优劣势。巴西的科技竞争效力各指标得分均未超过 34 个国家的平均值，且存在较大差距。其中单位研发投入本国居民专利授权量（0.29）、单位研发投入三方专利授权量（0.00）、单位研发投入 PCT 专利申请量（0.11）和单位研发投入知识产权使用费收入（0.28）指标得分小于 1，存在较大提升空间，如图 7 - 9 所示。

3. 科技竞争潜力指数

图 7 - 10 为将 2022 年巴西科技竞争潜力指数各指标得分与 34 个国家最大值及平均值进行比较得出的结果。通过该图可以观察巴西科技竞争潜力指数各指标的优劣势。巴西的科技竞争潜力得分相对较好，其中研究人员总数

（13.28）、研发经费投入总额（2.12）指标得分与 34 个国家的平均值相近。但每万人研究人员数及每万人研发经费投入额指标得分与 34 个国家平均值相差较大，有待进一步提高。

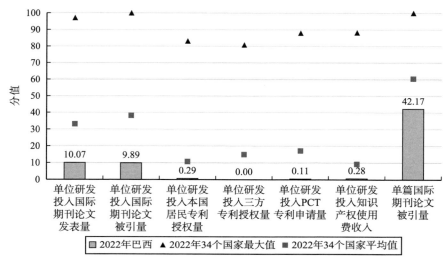

图 7 - 9　巴西 2022 年科技竞争效力分指数各指标得分对比

资料来源：笔者根据科睿唯安 InCites 数据库、世界知识产权组织数据库、经济合作与发展组织（OECD）和世界银行数据库相关数据计算得出。

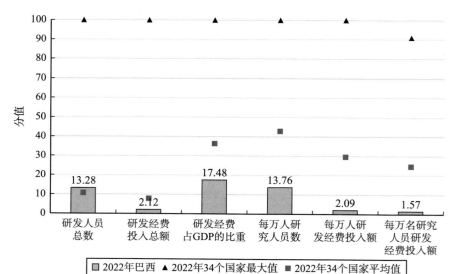

图 7 - 10　巴西 2022 年科技竞争潜力分指数各指标得分对比

资料来源：笔者根据世界银行数据库相关数据计算得出。

第三节　俄　罗　斯

一、俄罗斯科技竞争力指数的相对优势比较

相较于其他金砖国家，俄罗斯在科技竞争力指数上波动较大，2011年在34个国家中排名第29位，但在2022年排名上升到第26位，上升了3位。其中，科技竞争实力指数表现最好，2022年排名为第16名，与2011年持平；科技竞争效力指数表现较差，2022年排名为第33名，同样与2011年持平；科技竞争潜力指数排名从2011年的第24位下降到了2022年的第28位（见表7-3）。

表7-3　　　　　　　俄罗斯2011~2022年各指数排名及其变化

指数名称	2011年	2015年	2011~2015年排名变化	2016年	2020年	2016~2020年排名变化	2022年	2011~2022年排名变化
科技竞争力指数	29	31	↓2	31	30	↑1	26	↑3
科技竞争实力指数	16	16	→	16	16	→	16	→
科技竞争效力指数	33	34	↓1	34	34	→	33	→
科技竞争潜力指数	24	24	→	24	27	↓3	28	↓4

资料来源：指标值根据"十步骤"计算，数据来源为科睿唯安InCites数据库、经济合作与发展组织（OECD）数据库、世界知识产权组织和世界银行数据库。

2022年，俄罗斯科技竞争实力指数值为3.4，低于34个国家平均值（10.8），约为34个国家最大值（86.4）的4%，排名第16位；相较于2011年，指数值略有上升，但排名保持不变，与34个国家最大值之间的差距拉大。科技竞争效力指数值为7.4，低于34个国家平均值（23.2），不足34个国家最大值（78.4）的10%，排名第33位；相较于2011年，指数值有小幅提升，

排名保持不变，与 34 个国家的最大值之间的差距有所拉大。科技竞争潜力指数值为 11.8，低于 34 个国家平均值（27.0），不足 34 个国家最大值（67.0）的 18%，排名第 28 位；相较于 2011 年，指数值小幅下滑，但排名下降 4 位，与 34 个国家的最大值之间的差距显著加大。详见图 7 – 11 和图 7 – 12。

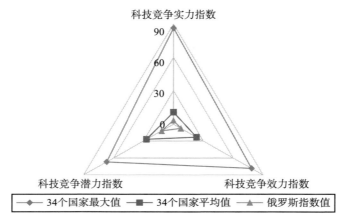

图 7 – 11 俄罗斯 2022 年科技竞争力二级指数值与 34 个国家最大值、平均值比较

资料来源：指标值根据"十步骤"计算，数据来源为科睿唯安 InCites 数据库、经济合作与发展组织（OECD）数据库、世界知识产权组织和世界银行数据库。

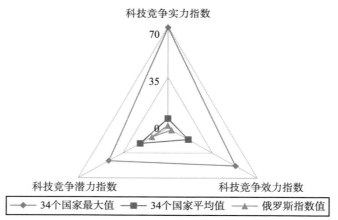

图 7 – 12 俄罗斯 2011 年科技竞争力二级指数值与 34 个国家最大值、平均值比较

资料来源：指标值根据"十步骤"计算，数据来源为科睿唯安 InCites 数据库、经济合作与发展组织（OECD）数据库、世界知识产权组织和世界银行数据库。

二、分指数的相对优势研究

1. 科技竞争实力指数

将 2022 年俄罗斯科技竞争实力指数各指标得分与 34 个国家最大值及平均值进行比较,观察俄罗斯科技竞争实力指数各指标的优劣势。俄罗斯科技竞争实力各指标显著落后,所有指标得分均未超过 34 个国家平均值,其中三方专利授权量(0.75)指标得分小于 1。可见俄罗斯应在论文及专利等方面全面提高科技竞争实力水平(见图 7-13)。

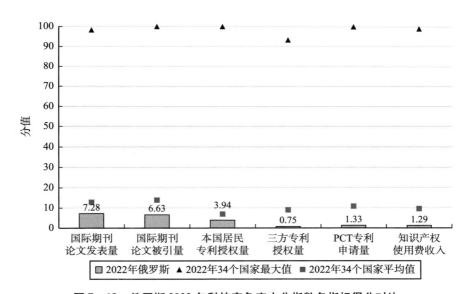

图 7-13 俄罗斯 2022 年科技竞争实力分指数各指标得分对比

资料来源:笔者根据科睿唯安 InCites 数据库、世界知识产权组织数据库、经济合作与发展组织(OECD)和世界银行数据库相关数据计算得出。

2. 科技竞争效力指数

将 2022 年俄罗斯科技竞争效力指数各指标各方与 34 个国家最大值及平均值进行比较,观察俄罗斯科技竞争效力指数各指标的优劣势。俄罗斯科技竞争效力各指标中,单位研发投入本国居民专利授权量(12.94)略高于 34 个国家平均值（10.71），其他指标得分均低于 34 个国家的平均值，尤其是单位研发投入三方专利授权量、单位研发投入 PCT 专利申请量、和单位研发投入知识产权使用费收入均小于 1，说明在专利产出方面和知识产权使用费收入方面俄罗斯有待进一步加强（见图 7 - 14）。

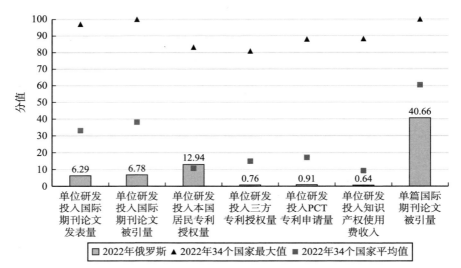

图 7 - 14　俄罗斯 2022 年科技竞争效力分指数各指标得分对比

资料来源：笔者根据科睿唯安 InCites 数据库、世界知识产权组织数据库、经济合作与发展组织（OECD）和世界银行数据库相关数据计算得出。

3. 科技竞争潜力指数

将 2022 年俄罗斯科技竞争潜力指数各指标得分与 34 个国家最大值及平均值进行比较，观察俄罗斯科技竞争潜力指数各指标的优劣势。俄罗斯科技竞争潜力三级指数中，研究人员总数指标得分显著超越 34 个国家平均值，但其他指标得分仍与 34 个国家平均值存在一定的差距。其中，每万人研发经费投入额和每万名研究人员研发经费投入额与 34 个国家平均值之间的差距最为显著，成为影响俄罗斯科技竞争潜力的最大短板（见图 7 - 15）。

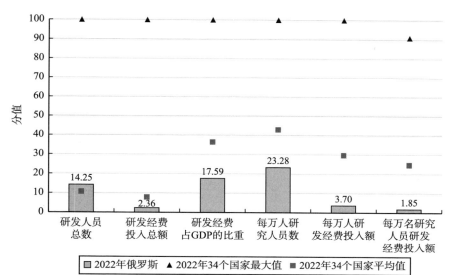

图 7 - 15　俄罗斯 2022 年科技竞争潜力分指数各指标得分对比

资料来源：笔者根据世界银行数据库相关数据计算得出。

第四节　南　　非

一、南非科技竞争力指数的相对优势比较

南非的科技竞争力指数排名相对稳定，2022 年在 34 个国家中位居第 30 名，与 2011 年相比下降了 2 位（见表 7 - 4）。具体来看，科技竞争实力指数排名从 2011 年的第 30 位上升到了 2022 年的第 26 位。科技竞争效力指数表现相对较好，2022 年排在 34 个国家中的第 18 位，高于 2011 年（第 22 位）和 2016 年（第 23 位）。而科技竞争潜力指数表现不理想，相比 2011 年，2022 年的排名下降了 3 位，由第 30 位下降到了第 33 位。

表 7 - 4　　　　　　　　南非 2011～2022 年各指数排名及其变化

指数名称	2011 年	2015 年	2011～2015 年排名变化	2016 年	2020 年	2016～2020 年排名变化	2022 年	2011～2022 年排名变化
科技竞争力指数	28	29	↓1	29	31	↓2	30	↓2
科技竞争实力指数	30	30	→	28	27	↑1	26	↑4

续表

指数名称	2011年	2015年	2011～2015年排名变化	2016年	2020年	2016～2020年排名变化	2022年	2011～2022年排名变化
科技竞争效力指数	22	22	→	23	20	↑3	18	↑4
科技竞争潜力指数	30	31	↓1	30	33	↓3	33	↓3

资料来源：指标值根据"十步骤"计算，数据来源为科睿唯安 InCites 数据库、经济合作与发展组织（OECD）数据库、世界知识产权组织和世界银行数据库。

2022年，南非科技竞争实力指数值为 1.1，低于 34 个国家平均值（10.8），不足 34 个国家最大值（86.4）的 2%，排名第 26 位；相较于 2011年，指数值略有上升，排名上升了 4 位，但与 34 个国家的最大值之间的差距进一步拉大。科技竞争效力指数值为 21.2，低于 34 个国家平均值（23.2），略高于 34 个国家最大值（78.4）的 28%，排名第 18 位；相较于 2011 年，指数值有所提升，排名上升了 4 位，与 34 个国家的最大值差距拉大。科技竞争潜力指数值为 2.3，低于 34 个国家平均值（27.0），不足 34 个国家最大值（67.0）的 4%，排名第 33 位；相较于 2011 年，指数值显著下降，排名下降了 3 位，与 34 个国家的最大值之间的差距明显加大。详见图 7－16 和图 7－17。

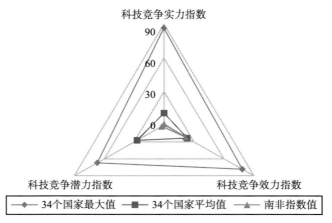

图 7－16　南非 2022 年科技竞争力二级指数值与 34 个国家最大值、平均值比较

资料来源：指标值根据"十步骤"计算，数据来源为科睿唯安 InCites 数据库、经济合作与发展组织（OECD）数据库、世界知识产权组织和世界银行数据库。

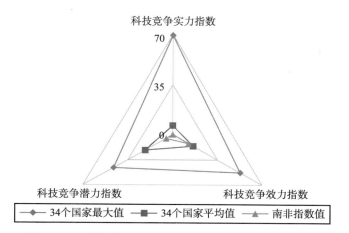

图 7 - 17　南非 2011 年科技竞争力二级指数值与 34 个国家最大值、平均值比较

资料来源：指标值根据"十步骤"计算，数据来源为科睿唯安 InCites 数据库、经济合作与发展组织（OECD）数据库、世界知识产权组织和世界银行数据库。

二、分指数的相对优势研究

1. 科技竞争实力指数

将 2022 年南非科技竞争实力指数各指标得分与 34 个国家的最大值及 34 个国家的平均值进行比较，观察南非科技竞争实力指数各指标的优劣势。作为金砖国家之一的南非在科技竞争实力方面表现欠佳，5 项指标得分均在 3 分以下，其中本国居民专利授权量（0.05）、三方专利授权量（0.06）、PCT 专利申请量（0.25）、知识产权使用费收入（0.09）得分小于 1（见图 7 - 18）。由此可见，南非在国际论文、专利及知识产权使用费收入方面还有巨大的上升和发展空间。

2. 科技竞争效力指数

将 2022 年南非科技竞争效力指数各指标得分与 34 个国家最大值与平均值进行比较，观察南非科技竞争效力指数各指标的优劣势。南非的科技竞争效力表现相对较好，单位研发投入国际期刊论文发表量（54.17）和单位研发投入国际期刊论文被引量（57.13）得分显著超过 34 个国家的平均值，单篇国际期刊论文被引量（59.45）略低于 34 个国家的平均值（60.39），但单位研发投入本国居民专利授权量、单位研发投入三方专利授权量、单位研发投入 PCT 专利申请量和单位研发投入知识产权使用费收入指标得分与 34 个国家平均值之间尚存在一定的差距，成为影响南非科技竞争效力指数值的短板（见图 7 – 19）。

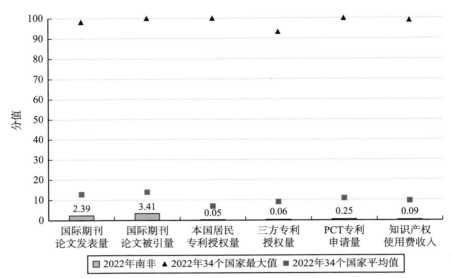

图 7 – 18　南非 2022 年科技竞争实力分指数各指标得分对比

资料来源：笔者根据科睿唯安 InCites 数据库、世界知识产权组织数据库、经济合作与发展组织（OECD）和世界银行数据库相关数据计算得出。

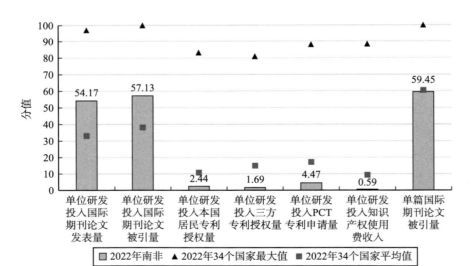

图 7 – 19　南非 2022 年科技竞争效力分指数各指标得分对比

资料来源：笔者根据科睿唯安 InCites 数据库、世界知识产权组织数据库、经济合作与发展组织（OECD）和世界银行数据库相关数据计算得出。

3. 科技竞争潜力指数

将 2022 年南非科技竞争潜力指数各指标得分与 34 个国家最大值及平均值进行比较，观察南非科技竞争潜力指数各指标的优劣势。南非在科技竞争投入方面与 34 个国家平均值之间存在一定的差距，其中研发经费占 GDP 的比重（3.80）、每万人研究人员数（3.14）、每万人研发经费投入额（0.67）指标得分与 34 个国家平均值之间的差距较大，如图 7 - 20 所示。由此可以看出南非在研究人员及研发经费的投入方面还有待进一步提升。

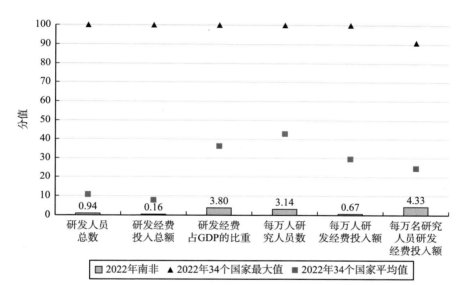

图 7 - 20　南非 2022 年科技竞争潜力分指数各指标得分对比

资料来源：笔者根据世界银行数据库相关数据计算得出。

第八章

发达国家科技竞争力和能力指数

第一节　美　国

一、美国科技竞争力指数的相对优势比较

整体上看，美国科技竞争力指数一直处于领先地位，2011~2022年保持着第1名的位置。其中，科技竞争实力指数、科技竞争潜力指数与科技竞争力指数一样，在34个国家中排名第1位，但科技竞争效力指数表现相对滞后，2011年排名第6位，2022年排名下降到了第14位，下降了8位（见表8-1）。

表8-1　　　　　　　　美国2011~2022年各指数排名及其变化

指数名称	2011年	2015年	2011~2015年排名变化	2016年	2020年	2016~2020年排名变化	2022年	2011~2022年排名变化
科技竞争力指数	1	1	→	1	1	→	1	→
科技竞争实力指数	1	1	→	1	1	→	1	→

续表

指数名称	2011 年	2015 年	2011 ~ 2015 年排名变化	2016 年	2020 年	2016 ~ 2020 年排名变化	2022 年	2011 ~ 2022 年排名变化
科技竞争效力指数	6	5	↑1	5	12	↓7	14	↓8
科技竞争潜力指数	1	1	→	1	1	→	1	→

资料来源：指标值根据"十步骤"计算，数据来源为科睿唯安 InCites 数据库、经济合作与发展组织（OECD）数据库、世界知识产权组织和世界银行数据库。

　　2022 年，美国科技竞争实力指数值为 86.4，高于 34 个国家平均值（10.8），为 34 个国家最大值，排名第 1 位；相较于 2011 年，指数值有较大提升，排名保持不变。科技竞争效力指数值为 25.0，高于 34 个国家的平均值（23.2），低于 34 个国家最大值（78.4），排名第 14 位；相较于 2011 年，指数值有小幅提升，排名下降了 8 位，与 34 个国家的最大值差距增大。科技竞争潜力指数值为 67.0，高于 34 个国家的平均值（27.0），为 34 个国家的最大值，排名第 1 位；相较于 2011 年，指数值有较大提升，排名保持不变。见图 8 - 1 和图 8 - 2。

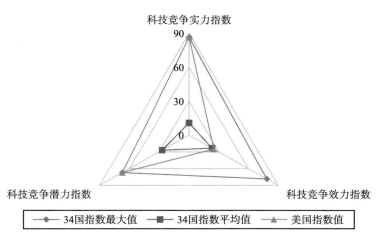

图 8 - 1　美国 2022 年科技竞争力二级指数值与 34 个国家最大值、平均值比较

资料来源：指标值根据"十步骤"计算，数据来源为科睿唯安 InCites 数据库、经济合作与发展组织（OECD）数据库、世界知识产权组织和世界银行数据库。

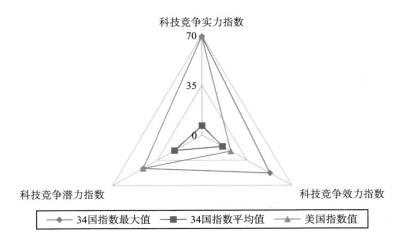

图 8－2　美国 2011 年科技竞争力二级指数值与 34 个国家最大值、平均值比较

资料来源：指标值根据"十步骤"计算，数据来源为科睿唯安 InCites 数据库、经济合作与发展组织（OECD）数据库、世界知识产权组织和世界银行数据库。

二、分指数的相对优势研究

1. 科技竞争实力指数

将 2022 年美国科技竞争实力指数各指标得分与 34 个国家最大值及平均值进行比较，观察美国科技竞争实力指数各指标的优劣势。美国科技竞争实力各指标得分表现相对较好，其中国际期刊论文被引量（100.00）、知识产权使用费收入（99.05）指标得分均为 34 个国家最大值。国际期刊论文发表量、三方专利授权量和 PCT 专利申请量指标得分与 34 个国家最大值之间存在小幅差距（见图 8－3）。

2. 科技竞争效力指数

将 2022 年美国科技竞争效力指数各指标得分与 34 个国家最大值和平均值进行比较，观察美国科技竞争效力指数各指标的优劣势。美国的科技竞争效力指数各指标得分与 34 个国家最大值之间存在显著差距。其中，单位研发投入国际期刊论文发表量（22.75）、单位研发投入国际期刊论文被引量（24.55）和单篇国际期刊论文被引量（55.48）指标得分相对较低，低于 34 个国家的平均值；表现较好的指标是单位研发投入本国居民专利授权量，但仍与 34 个国家最大值之间存在较大差距（见图 8－4）。

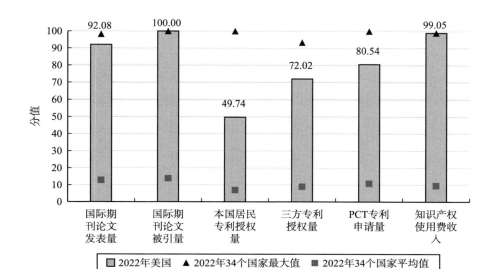

图 8 - 3　美国 2022 年科技竞争实力分指数各指标得分对比

资料来源：笔者根据科睿唯安 InCites 数据库、世界知识产权组织数据库、经济合作与发展组织（OECD）和世界银行数据库相关数据计算得出。

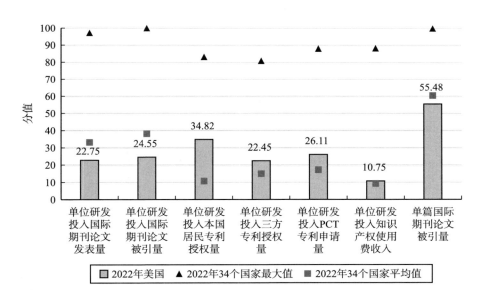

图 8 - 4　美国 2022 年科技竞争效力分指数各指标得分对比

资料来源：笔者根据科睿唯安 InCites 数据库、世界知识产权组织数据库、经济合作与发展组织（OECD）和世界银行数据库相关数据计算得出。

3. 科技竞争潜力指数

将 2022 年美国科技竞争潜力指数各指标得分与 34 个国家最大值及平均值进行比较，观察美国科技竞争潜力指数各指标的优劣势。美国的科技竞争潜力指数各指标得分均在 34 个国家平均值之上，其中研发经费投入总额指标得分（100.00）为 35 个国家的最大值。但研发经费占 GDP 的比重（56.78）、每万人研究人员数（49.04）、每万人研发经费投入额（69.52）、每万名研究人员研发经费投入额（69.90）指标得分与 34 个国家最大值之间存在一定的差距，应予以重视（见图 8－5）。

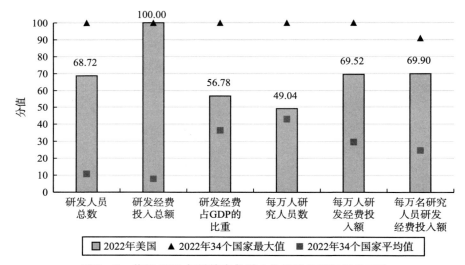

图 8－5　美国 2022 年科技竞争潜力分指数各指标得分对比

资料来源：笔者根据世界银行数据库相关数据计算得出。

第二节　日　　本

一、日本科技竞争力指数的相对优势比较

日本科技竞争力指数排名靠前，2011 年在 34 个国家中排名第 2 位，但在 2022 年排名降到了第 3 位，下降了 1 位。具体来看，日本科技竞争实力指数

和科技竞争效力指数表现稳定，与科技竞争力指数变化趋势基本一致；相比而言，科技竞争潜力指数表现相对落后，2022 年仅排在 34 个国家中的第 10 位，低于 2011 年（第 4 位）和 2016 年（第 6 位）。详见表 8 - 2。

表 8 - 2　　　　　　　　　日本 2011 ~ 2022 年各指数排名及其变化

指数名称	2011 年	2015 年	2011 ~ 2015 年排名变化	2016 年	2020 年	2016 ~ 2020 年排名变化	2022 年	2011 ~ 2022 年排名变化
科技竞争力指数	2	2	→	2	2	→	3	↓1
科技竞争实力指数	2	2	→	2	3	↓1	3	↓1
科技竞争效力指数	2	3	↓1	3	3	→	4	↓2
科技竞争潜力指数	4	6	↓2	6	6	→	10	↓6

资料来源：指标值根据"十步骤"计算，数据来源为科睿唯安 InCites 数据库、经济合作与发展组织（OECD）数据库、世界知识产权组织和世界银行数据库。

2022 年，日本科技竞争实力指数值为 43.1，高于 34 个国家平均值（10.8），低于 34 个国家最大值（86.4），排名第 3 位；相较于 2011 年，指数值有小幅提升，排名下降了 1 位，与 34 个国家的最大值差距增大。科技竞争效力指数值为 35.0，高于 34 个国家的平均值（23.2），低于 34 个国家最大值（78.4），排名第 4 位；相较于 2011 年，指数值有小幅提升，排名下降了 2 位，与 34 个国家的最大值差距增大。科技竞争潜力指数值为 37.8，高于 34 个国家的平均值（27.0），低于 34 个国家的最大值（67.0），排名第 10 位；相较于 2011 年，指数值有较大提升，排名下降了 6 位，与 34 个国家的最大值差距增大。见图 8 - 6 和图 8 - 7。

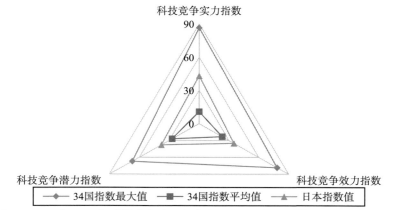

图 8－6　日本 2022 年科技竞争力二级指数值与 34 个国家最大值、平均值比较

资料来源：指标值根据"十步骤"计算，数据来源为科睿唯安 InCites 数据库、经济合作与发展组织（OECD）数据库、世界知识产权组织和世界银行数据库。

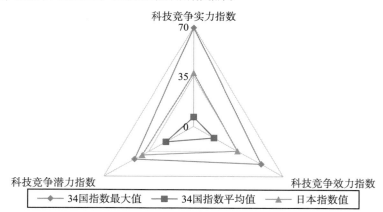

图 8－7　日本 2011 年科技竞争力二级指数值与 34 个国家最大值、平均值比较

资料来源：指标值根据"十步骤"计算，数据来源为科睿唯安 InCites 数据库、经济合作与发展组织（OECD）数据库、世界知识产权组织和世界银行数据库。

二、分指数的相对优势研究

1. 科技竞争实力指数

将 2022 年日本科技竞争实力指数各指标得分与 34 个国家最大值及平均值进行比较，观察日本科技竞争实力指数各指标的优劣势。日本科技竞争实力各指标得分相对较高。其中三方专利授权量指标得分（93.35）为 34 个国家最大值，本国居民专利授权量（35.42）、PCT 专利申请量（67.85）、知识产权使用费收入（39.86）指标得分也显著高于34个国家平均值。但日本的国际期刊论文发表量和国际期刊论文被引量指标得分较低，这两项成为影响其科技竞争实力指数值的短板。见图8-8。

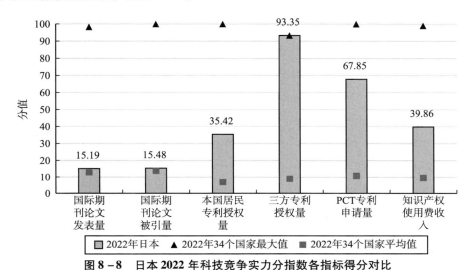

图8-8　日本2022年科技竞争实力分指数各指标得分对比

资料来源：笔者根据科睿唯安 InCites 数据库、世界知识产权组织数据库、经济合作与发展组织（OECD）和世界银行数据库相关数据计算得出。

2. 科技竞争效力指数

将2022年日本科技竞争效力指数各指标得分与34个国家最大值和平均值进行比较，观察日本科技竞争效力指数各指标的优劣势。日本的科技竞争效力指数各指标得分存在两极分化现象。其中，单位研发投入本国居民专利授权量（61.71）和单位研发投入三方专利授权量（73.04）指标得分接近34个国家的最大值，但单位研发投入国际期刊论文发表量（6.54）、单位研发投入国际期刊论文被引量（8.36）和单篇国际期刊论文被引量（49.24）指标得分仍在34个国家的平均值之下（见图8-9）。

3. 科技竞争潜力指数

将2022年日本科技竞争潜力指数各指标得分与34个国家最大值及平均值进行比较，观察日本科技竞争潜力指数各指标的优劣势。日本的科技竞争潜力整体表现较好，各指标得分均显著超过34个国家平均值。其中，研发经费占GDP的比重（53.24）指标得分相对较高；其他各指标得分与34个国家最大值之间存在一定的差距。详见图8-10。

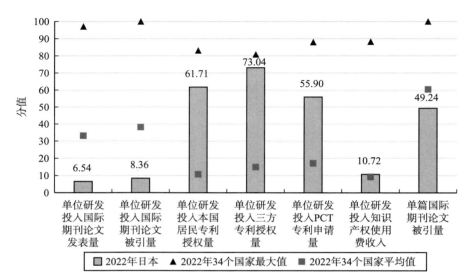

图 8-9 日本 2022 年科技竞争效力分指数各指标得分对比

资料来源：笔者根据科睿唯安 InCites 数据库、世界知识产权组织数据库、经济合作与发展组织（OECD）和世界银行数据库相关数据计算得出。

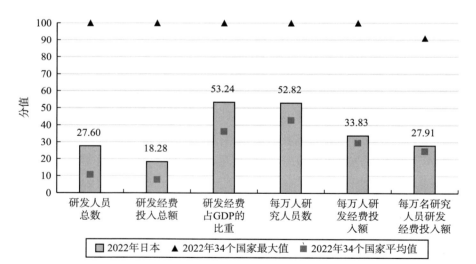

图 8-10 日本 2022 年科技竞争潜力分指数各指标得分对比

资料来源：笔者根据世界银行数据库相关数据计算得出。

第三节 英 国

一、英国科技竞争力指数的相对优势比较

英国从整体上来看排名基本保持稳定，2022 年科技竞争力指数排名第 8 位，与 2011 年相比没有变化，较 2015 年下降了 1 位。2011 年，英国科技竞争实力指数在 34 个国家中排名第 5 位，之后保持不变。而英国科技竞争效力指数排名呈下降趋势，从 2011 年的第 13 位下降到 2016 年的第 14 位，到 2022 年又下降到了第 15 位。科技竞争潜力指数排名由 2011 年的第 17 位上升到 2022 年的第 16 位。详见表 8 - 3。

表 8 - 3   英国 2011~2022 年各指数排名及其变化

指数名称	2011 年	2015 年	2011~2015 年排名变化	2016 年	2020 年	2016~2020 年排名变化	2022 年	2011~2022 年排名变化
科技竞争力指数	8	7	↑1	8	8	→	8	→
科技竞争实力指数	5	5	→	5	5	→	5	→
科技竞争效力指数	13	14	↓1	14	14	→	15	↓2
科技竞争潜力指数	17	17	→	17	17	→	16	↑1

资料来源：指标值根据"十步骤"计算，数据来源为科睿唯安 InCites 数据库、经济合作与发展组织（OECD）数据库、世界知识产权组织和世界银行数据库。

2022 年，英国科技竞争实力指数值为 18.6，高于 34 个国家平均值（10.8），低于 34 个国家最大值（86.4），排名第 5 位；相较于 2011 年，指数值有明显提升，排名保持不变，与 34 个国家的最大值差距增大。科技竞争效力指数值为 24.8，高于 34 个国家的平均值（23.2），低于 34 个国家最大值

（78.4），排名第 15 位；相较于 2011 年，指数值有明显提升，排名下降了 2 位，与 34 个国家的最大值差距增大。科技竞争潜力指数值为 24.8，低于 34 个国家的平均值（27.0），低于 34 个国家的最大值（67.0），排名第 16 位；相较于 2011 年，指数值有小幅提升，排名上升了 1 位，与 34 个国家的最大值差距增大。见图 8 – 11 和图 8 – 12。

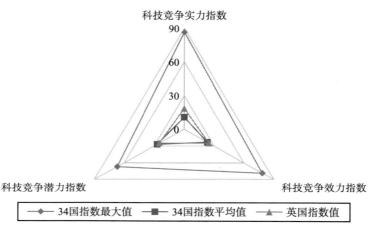

图 8 – 11　英国 2022 年科技竞争力二级指数值与 34 个国家最大值、平均值比较

资料来源：指标值根据"十步骤"计算，数据来源为科睿唯安 InCites 数据库、经济合作与发展组织（OECD）数据库、世界知识产权组织和世界银行数据库。

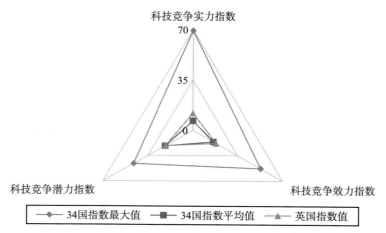

图 8 – 12　英国 2011 年科技竞争力二级指数值与 34 个国家最大值、平均值比较

资料来源：指标值根据"十步骤"计算，数据来源为科睿唯安 InCites 数据库、经济合作与发展组织（OECD）数据库、世界知识产权组织和世界银行数据库。

二、分指数的相对优势研究

1. 科技竞争实力指数

将 2022 年英国科技竞争实力指数各指标得分与 34 个国家最大值及平均值进行比较，观察英国科技竞争实力指数各指标的优劣势。英国科技竞争实力指数各指标得分相比 34 个国家平均值存在一定的差异，国际期刊论文发表量（28.63）、国际期刊论文被引量（35.11）指标得分较高，显著超越 34 个国家平均值，而本国居民专利授权量（1.40）、PCT 专利申请量（8.05）指标得分未超过 34 个国家平均值，成为影响英国科技竞争实力指数值的短板。参见图 8－13。

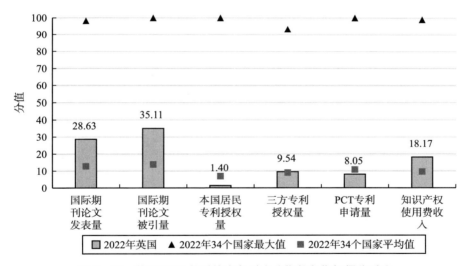

图 8－13　英国 2022 年科技竞争实力分指数各指标得分对比

资料来源：笔者根据科睿唯安 InCites 数据库、世界知识产权组织数据库、经济合作与发展组织（OECD）和世界银行数据库相关数据计算得出。

2. 科技竞争效力指数

将 2022 年英国科技竞争效力指数各指标得分与 34 个国家最大值与平均值进行比较，观察英国科技竞争效力指数各指标的优劣势。英国的科技竞争效力指数各指标得分相比 34 个国家最大值存在一定的差距。单位研发投入国际期刊论文发表量（41.40）、单位研发投入国际期刊论文被引量（46.96）和单篇国际期刊论文被引量（63.39）指标得分超过了 34 个国家的平均值，是英国的优势指标，而单位研发投入本国居民专利授权量（4.83）和单位研发投入 PCT 专利申请量（13.04）指标得分未超过 34 个国家的平均值，是英国科技竞争效力指数的短板（见图 8 – 14）。

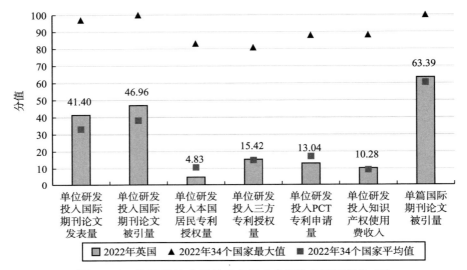

图 8 – 14　英国 2022 年科技竞争效力分指数各指标得分对比

资料来源：笔者根据科睿唯安 InCites 数据库、世界知识产权组织数据库、经济合作与发展组织（OECD）和世界银行数据库相关数据计算得出。

3. 科技竞争潜力指数

将 2022 年英国科技竞争潜力指数各指标得分与 34 个国家最大值及平均值进行比较，观察英国科技竞争潜力指数各指标的优劣势。英国的科技竞争潜力各指标得分均与 34 个国家平均值大致相当，未出现有显著优势的指标。其中，研发经费占 GDP 的比重指标得分为 27.68；每万人研发经费投入额指标得分为 23.92，是英国科技竞争潜力指数处于相对劣势的指标（见图 8 – 15）。

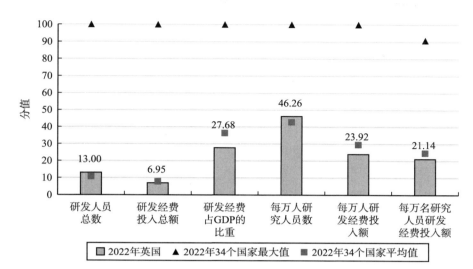

图 8 - 15　英国 2022 年科技竞争潜力分指数各指标得分对比

资料来源：笔者根据世界银行数据库相关数据计算得出。

第四节　法　　国

一、法国科技竞争力指数的相对优势比较

2022 年，法国科技竞争力指数在 34 个国家中排名第 12 位，与 2011 年相比下降了 5 位。每一个二级指数排名都呈相应程度的下降：2011 ~ 2022 年，法国科技竞争实力指数下降了 2 位，由第 6 位下降到第 8 位；科技竞争效力指数下降幅度较大，由第 14 位降到第 20 位；科技竞争潜力指数排名下降幅度较小，由 2011 年的第 14 位下降至 2022 年第 15 位，下降了 1 位（见表 8 - 4）。

表 8 - 4　　　　　　法国 2011 ~ 2022 年各指数排名及其变化

指数名称	2011 年	2015 年	2011 ~ 2015 年排名变化	2016 年	2020 年	2016 ~ 2020 年排名变化	2022 年	2011 ~ 2022 年排名变化
科技竞争力指数	7	10	↓3	10	10	→	12	↓5
科技竞争实力指数	6	7	↓1	6	8	↓2	8	↓2

续表

指数名称	2011 年	2015 年	2011 ~ 2015 年排名变化	2016 年	2020 年	2016 ~ 2020 年排名变化	2022 年	2011 ~ 2022 年排名变化
科技竞争效力指数	14	15	↓1	16	18	↓2	20	↓6
科技竞争潜力指数	14	15	↓1	15	15	→	15	↓1

资料来源：指标值根据"十步骤"计算，数据来源为科睿唯安 InCites 数据库、经济合作与发展组织（OECD）数据库、世界知识产权组织和世界银行数据库。

2022 年，法国科技竞争实力指数值为 11.8，高于 34 个国家平均值（10.8），低于 34 个国家最大值（86.4），排名第 8 位；相较于 2011 年，指数值有小幅提升，排名下降了 2 位，与 34 个国家的最大值差距增大。科技竞争效力指数值为 19.4，低于 34 个国家的平均值（23.2），低于 34 个国家最大值（78.4），排名第 20 位；相较于 2011 年，指数值有小幅提升，排名下降了 6 位，与 34 个国家的最大值差距增大。科技竞争潜力指数值为 30.5，高于 34 个国家的平均值（27.0），低于 34 个国家的最大值（67.0），排名第 15 位；相较于 2011 年，指数值有小幅提升，排名下降了 1 位，与 34 个国家的最大值差距增大。见图 8-16 和图 8-17。

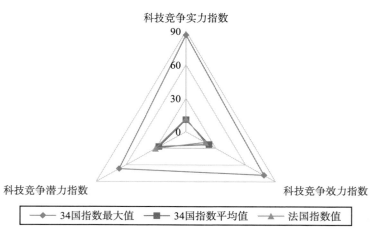

图 8-16 法国 2022 年科技竞争力二级指数值与 34 个国家最大值、平均值比较

资料来源：指标值根据"十步骤"计算，数据来源为科睿唯安 InCites 数据库、经济合作与发展组织（OECD）数据库、世界知识产权组织和世界银行数据库。

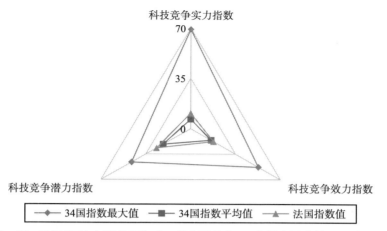

图 8 - 17　法国 2011 年科技竞争力二级指数值与 34 个国家最大值、平均值比较

资料来源：指标值根据"十步骤"计算，数据来源为科睿唯安 InCites 数据库、经济合作与发展组织（OECD）数据库、世界知识产权组织和世界银行数据库。

二、分指数的相对优势研究

1. 科技竞争实力指数

将 2022 年法国科技竞争实力指数各指标得分与 34 个国家最大值及平均值进行比较，观察法国科技竞争实力指数各指标的优劣势。法国科技竞争实力指数各指标得分相对较低，基本维持在 34 个国家平均值的水平，显著低于 34 个国家最大值。其中，本国居民专利授权量指标得分（3.28）低于 34 国家平均值（6.96）。因此，在科技竞争实力方面，法国表现并不理想，应从国际论文、专利及知识产权等各方面提升科技竞争实力指数值。见图 8 - 18。

2. 科技竞争效力指数

将 2022 年法国科技竞争效力指数各指标得分与 34 个国家最大值和平均值进行比较，观察法国科技竞争效力指数各指标的优劣势。在科技竞争效力方面，相对于 34 个国家的平均值，表现较好的指标是单篇国际期刊论文被引量（68.14），显著高于 34 个国家的平均值；表现相对较差的指标是单位研发投入国际期刊论文发表量（18.06）和单位研发投入国际期刊论文被引量（24.14），显著低于 34 个国家的平均值（见图 8 - 19）。

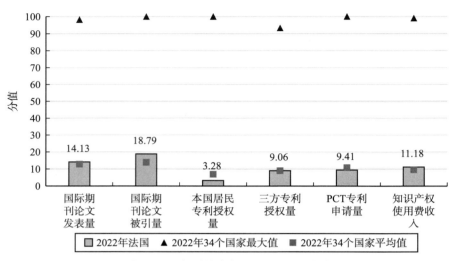

图 8－18　法国 2022 年科技竞争实力分指数各指标得分对比

资料来源：笔者根据科睿唯安 InCites 数据库、世界知识产权组织数据库、经济合作与发展组织（OECD）和世界银行数据库相关数据计算得出。

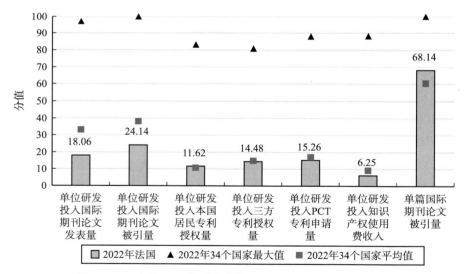

图 8－19　法国 2022 年科技竞争效力分指数各指标得分对比

资料来源：笔者根据科睿唯安 InCites 数据库、世界知识产权组织数据库、经济合作与发展组织（OECD）和世界银行数据库相关数据计算得出。

3. 科技竞争潜力指数

将 2022 年法国科技竞争潜力指数各指标得分与 34 个国家最大值及平均值进行比较，观察法国科技竞争潜力指数各指标的优劣势。法国的科技竞争潜力整体表现较好，各指标得分均超过 34 个国家平均值，但与 34 个国家最大值之间仍存在较大差距。其中，研究人员总数（13.14）、研发经费投入总额（9.04）指标得分与 34 个国家最大值相差较大，拉低了法国的科技竞争潜力指数值，应予以重点关注。见图 8 - 20。

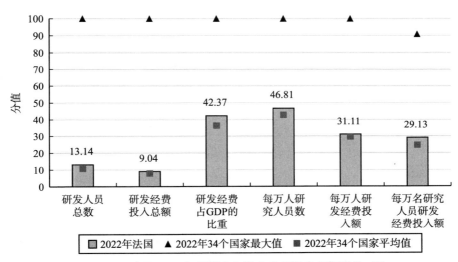

图 8 - 20　法国 2022 年科技竞争潜力分指数各指标得分对比

资料来源：笔者根据世界银行数据库相关数据计算得出。

第五节　德　　国

一、德国科技竞争力指数的相对优势比较

德国科技竞争力指数排名较为稳定，在 34 个国家中排名第 4 位，与 2011 年保持一致。具体来看，德国科技竞争实力排名也相对较为稳定，2022 年排名为第 4 位，相较于 2011 年下降了 1 位；科技竞争潜力排名则从 2011 年的第

8 位上升到 2022 年的第 6 位；而科技竞争效力下降幅度则相对较大，2022 年排名第 10 位，相较于 2011 年下降了 5 位，相较于 2016 年下降了 3 位。详见表 8 – 5。

表 8 – 5　　　　　　德国 2011～2022 年各指数排名及其变化

指数名称	2011 年	2015 年	2011～2015 年排名变化	2016 年	2020 年	2016～2020 年排名变化	2022 年	2011～2022 年排名变化
科技竞争力指数	4	5	↓1	5	6	↓1	4	→
科技竞争实力指数	3	4	↓1	4	4	→	4	↓1
科技竞争效力指数	5	6	↓1	7	9	↓2	10	↓5
科技竞争潜力指数	8	8	→	8	7	↑1	6	↑2

资料来源：指标值根据"十步骤"计算，数据来源为科睿唯安 InCites 数据库、经济合作与发展组织（OECD）数据库、世界知识产权组织和世界银行数据库。

2022 年，德国科技竞争实力指数值为 27.8，高于 34 个国家平均值（10.8），低于 34 个国家最大值（86.4），排名第 4 位；相较于 2011 年，指数值有明显提升，排名下降了 1 位，与 34 个国家的最大值差距增大。科技竞争效力指数值为 26.8，高于 34 个国家的平均值（23.2），低于 34 个国家最大值（78.4），排名第 10 位；相较于 2011 年，指数值有小幅提升，排名下降了 5 位，与 34 个国家的最大值差距增大。科技竞争潜力指数值为 40.5，高于 34 个国家的平均值（27.0），低于 34 个国家的最大值（67.0），排名第 6 位；相较于 2011 年，指数值有小幅提升，排名上升了 2 位，与 34 个国家的最大值差距增大。见图 8 – 21 和图 8 – 22。

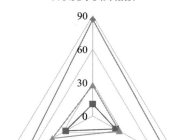

图 8 – 21 德国 2022 年科技竞争力二级指数值与 34 个国家最大值、平均值比较

资料来源：指标值根据"十步骤"计算，数据来源为科睿唯安 InCites 数据库、经济合作与发展组织（OECD）数据库、世界知识产权组织和世界银行数据库。

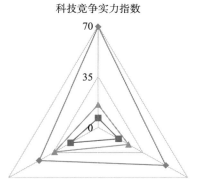

图 8 – 22 德国 2011 年科技竞争力二级指数值与 34 个国家最大值、平均值比较

资料来源：指标值根据"十步骤"计算，数据来源为科睿唯安 InCites 数据库、经济合作与发展组织（OECD）数据库、世界知识产权组织和世界银行数据库。

二、分指数的相对优势研究

1. 科技竞争实力指数

将 2022 年德国科技竞争实力指数各指标得分与 34 个国家最大值及平均值进行比较，观察德国科技竞争实力指数各指标的优劣势。德国科技竞争实力指数大部分指标均高于 34 个国家的平均值的指标，国际期刊论文发表量（23.00）、国际期刊论文被引量（28.92）、三方专利授权量（23.68）、PCT 专利申请量（22.68）、知识产权使用费收入（44.97）等指标得分都显著高于 34 个国家平均值。在科技竞争实力方面，德国得分较低的指标是本国居民专利授权量（3.28），应在这方面予以重视。详见图 8 – 23。

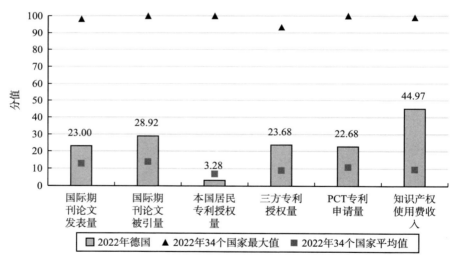

图 8 – 23　德国 2022 年科技竞争实力分指数各指标得分对比

资料来源：笔者根据科睿唯安 InCites 数据库、世界知识产权组织数据库、经济合作与发展组织（OECD）和世界银行数据库相关数据计算得出。

2. 科技竞争效力指数

将 2022 年德国科技竞争效力指数各指标得分与 34 个国家最大值和平均值进行比较，观察德国科技竞争效力指数各指标的优劣势。德国的科技竞争效力指数各指标与 34 个国家平均值之间的差距存在一定程度的两极分化现象。其中，单位研发投入三方专利授权量（28.29）、单位研发投入 PCT 专利申请量（28.17）和单位研发投入知识产权使用费收入（18.64）指标得分显著超过 34 个国家的平均值，但单位研发投入国际期刊论文发表量（22.22）和单位研发投入国际期刊论文被引量（27.56）指标得分与 34 个国家平均值之间还存在一定的差距。详见图 8 – 24。

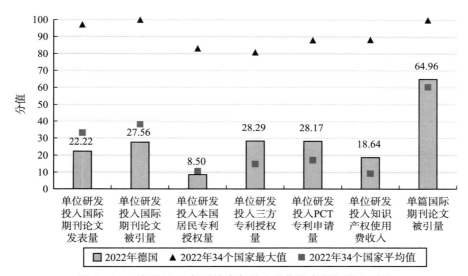

图 8 – 24　德国 2022 年科技竞争效力力分指数各指标得分对比

资料来源：笔者根据科睿唯安 InCites 数据库、世界知识产权组织数据库、经济合作与发展组织（OECD）和世界银行数据库相关数据计算得出。

3. 科技竞争潜力指数

将 2022 年德国科技竞争潜力指数各指标得分与 34 个国家最大值及平均值进行比较，观察德国科技竞争潜力指数各指标的优劣势。德国的科技竞争潜力整体表现较好，各指标得分均超过 34 个国家平均值，但仍与 34 个国家最大值之间存在较大差距。其中，德国的研发人员总数（17.85）、研发经费投入总额（16.96）指标得分较低，是德国科技竞争潜力指数的短板。见图 8 – 25。

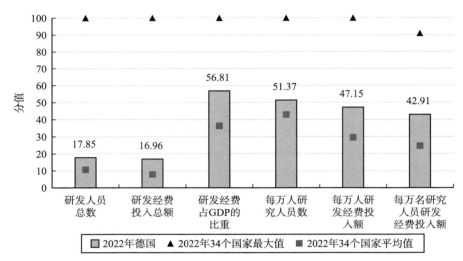

图 8 - 25　德国 2022 年科技竞争潜力分指数各指标得分对比

资料来源：笔者根据世界银行数据库相关数据计算得出。

第六节　韩　　国

一、韩国科技竞争力指数的相对优势比较

2022 年，韩国科技竞争力指数在 34 个国家中排名第 7 位，相较于 2011 年下降了 1 位。而具体来看，韩国科技竞争实力指数排名表现良好，由 2011 年的第 8 位上升到第 6 位，上升了 2 位；韩国科技竞争潜力指数也上升了 5 位，由 2011 年的第 9 位上升到第 4 位。相较来看，韩国科技竞争效力指数表现一般，2022 年在 34 个国家中排第 12 位，较 2011 年下降了 3 位。见表 8 - 6。

表 8 - 6　　　　　韩国 2011 ~ 2022 年各指数排名及其变化

指数名称	2011 年	2015 年	2011 ~ 2015 年排名变化	2016 年	2020 年	2016 ~ 2020 年排名变化	2022 年	2011 ~ 2022 年排名变化
科技竞争力指数	6	6	→	7	7	→	7	↓ 1
科技竞争实力指数	8	8	→	7	6	↑ 1	6	↑ 2

续表

指数名称	2011 年	2015 年	2011 ~ 2015 年排名变化	2016 年	2020 年	2016 ~ 2020 年排名变化	2022 年	2011 ~ 2022 年排名变化
科技竞争效力指数	9	12	↓3	13	13	→	12	↓3
科技竞争潜力指数	9	4	↑5	4	3	↑1	4	↑5

资料来源：指标值根据"十步骤"计算，数据来源为科睿唯安 InCites 数据库、经济合作与发展组织（OECD）数据库、世界知识产权组织和世界银行数据库。

　　2022 年，韩国科技竞争实力指数值为 16.5，高于 34 个国家平均值（10.8），低于 34 个国家最大值（86.4），排名第 4 位；相较于 2011 年，指数值有明显提升，排名下降了 1 位，与 34 个国家的最大值差距增大。科技竞争效力指数值为 26.2，高于 34 个国家的平均值（23.2），低于 34 个国家最大值（78.4），排名第 10 位；相较于 2011 年，指数值有明显提升，排名下降了 5 位，与 34 个国家的最大值差距增大。科技竞争潜力指数值为 51.4，高于 34 个国家的平均值（27.0），低于 34 个国家的最大值（67.0），排名第 6 位；相较于 2011 年，指数值有明显提升，排名上升了 2 位，与 34 个国家的最大值差距增大。见图 8 - 26 和图 8 - 27。

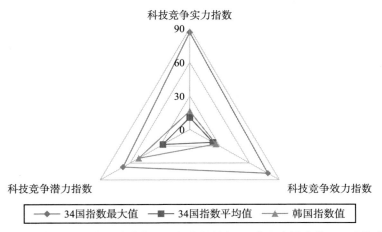

图 8 - 26　韩国 2022 年科技竞争力二级指数值与 34 个国家最大值、平均值比较

资料来源：指标值根据"十步骤"计算，数据来源为科睿唯安 InCites 数据库、经济合作与发展组织（OECD）数据库、世界知识产权组织和世界银行数据库。

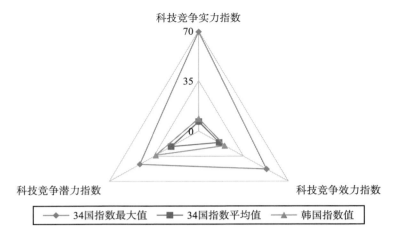

科技竞争实力指数

科技竞争潜力指数　　　　　　　　　　　　　　　科技竞争效力指数

◆—34国指数最大值 ■—34国指数平均值 ▲—韩国指数值

图 8 - 27　韩国 2011 年科技竞争力二级指数值与 34 个国家最大值、平均值比较

资料来源：指标值根据"十步骤"计算，数据来源为科睿唯安 InCites 数据库、经济合作与发展组织（OECD）数据库、世界知识产权组织和世界银行数据库。

二、分指数的相对优势研究

1. 科技竞争实力指数

将 2022 年韩国科技竞争实力指数各指标得分与 34 个国家最大值及平均值进行比较，观察韩国科技竞争实力指数各指标的优劣势。韩国科技竞争实力指数部分指标表现相对较好，除国际期刊论文发表量（10.84）、国际期刊论文被引量（12.97）和知识产权使用费收入（6.69）指标得分略低于 34 个国家平均值，其他指标得分均高于 34 个国家平均值。其中，本国居民专利授权量及 PCT 专利申请量指标得分显著高于 34 个国家平均值。可见，在科技竞争实力指数方面，韩国的短板为国际期刊论文发表量、国际期刊论文被引量和知识产权使用费收入，应予以重视。见图 8 - 28。

2. 科技竞争效力指数

将 2022 年韩国科技竞争效力指数各指标得分与 34 个国家最大值与平均值进行比较，观察韩国科技竞争效力指数各指标的优劣势。韩国的科技竞争效力指数各指标表现存在较大的两极分化现象，单位研发投入本国居民专利授权量（83.16）指标得分为 34 个国家的最大值，但单位研发投入国际期刊论文发表量（7.75）和单位研发投入国际期刊论文被引量（11.13）指标得分仍与 34

个国家平均值之间存在显著差距（见图 8－29）。由此可以看出，韩国应加强单位研发投入国际期刊论文发表量和单位研发投入国际期刊论文被引量，以此提升本国科技竞争效力。

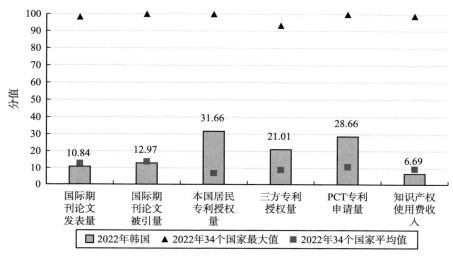

图 8－28　韩国 2022 年科技竞争实力分指数各指标得分对比

资料来源：笔者根据科睿唯安 InCites 数据库、世界知识产权组织数据库、经济合作与发展组织（OECD）和世界银行数据库相关数据计算得出。

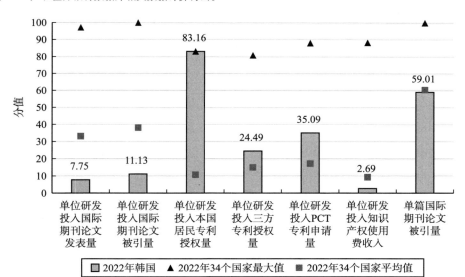

图 8－29　韩国 2022 年科技竞争效力分指数各指标得分对比

资料来源：笔者根据科睿唯安 InCites 数据库、世界知识产权组织数据库、经济合作与发展组织（OECD）和世界银行数据库相关数据计算得出。

3. 科技竞争潜力指数

将 2022 年韩国科技竞争潜力指数各指标得分与 34 个国家最大值及平均值进行比较，观察韩国科技竞争潜力指数各指标的优劣势。韩国的科技竞争潜力指数各指标整体表现较好，6 个指标均超过 34 个国家的平均值。其中，研发经费占 GDP 的比重（87.95）指标得分为 34 个国家中的最大值，优势明显。每万人研究人员数、每万人研发经费投入额指标得分也显著高于 34 个国家平均值，而每万名研究人员研发经费投入额和研发经费投入总额指标得分相对 34 个国家平均值没有优势，且与最大值之间存在显著差距。见图 8 – 30。

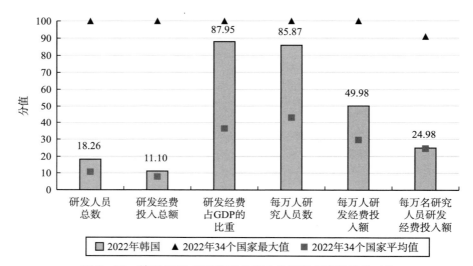

图 8 – 30 韩国 2022 年科技竞争潜力分指数各指标得分对比

资料来源：笔者世界银行数据库相关数据计算得出。

第九章

关联关系研究与国家科技竞争格局

为了更深入地了解国家科技竞争格局，本章将展示 34 个国家科技竞争力各指数之间及各指数和国家宏观经济指标 GDP 或国家人均 GDP 之间的关联关系。本章将首先分析 34 个国家科技竞争力指数的三个二级指数，即国家科技竞争实力指数、国家科技竞争效力指数和国家科技竞争潜力指数两两之间的关联关系，刻画组合背景下国家竞争格局，并分析 GDP 或人均 GDP 对国家竞争格局的影响；其次，将分析 34 个国家科技竞争力指数的三个二级指数与 GDP 或人均 GDP 之间的关联关系，刻画组合背景下国家竞争格局。本章分析以 2022 年指数值为主，2011 年指数值作为对照分析。

第一节　内部关联分析和格局分析

一、国家科技竞争实力与科技竞争效力的关联关系及国家竞争格局研究

1. 关联关系研究

计算得到 2022 年 34 个国家的科技竞争实力与科技竞争效力指数值之间 Pearson 相关系数为 0.134（Spearman 相关系数为 0.401），34 个国家无规律地分布在拟合线周围，如图 9 - 1 所示。这表明 34 个国家科技竞争实力与科技竞

争效力的指数值之间不存在显著线性相关关系，科技竞争实力较强的国家，科技竞争效力可能较强或较弱，反之亦然，如美国。这也从侧面说明一个国家的科技很难同时实现强实力和强效力。

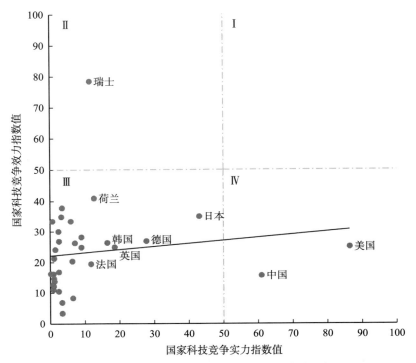

注：因多数国家集中于左下角，无法标注清楚，故本图只标注出部分国家。

图 9 - 1　2022 年 34 个国家科技竞争实力与科技竞争效力指数值组合象限图

资料来源：指标值根据"十步骤"计算，数据来源为科睿唯安 InCites 数据库、经济合作与发展组织（OECD）数据库、世界知识产权组织和世界银行数据库。

2. 竞争格局研究

为了更清晰地展现 34 个国家在科技竞争实力与科技竞争效力组合方面的科技竞争格局，利用国家科技竞争实力与效力指数排名组合进行刻画，采用四象限分类法和 K - 均值聚类法分别分析。

2022 年和 2011 年的 34 个国家科技竞争实力与科技竞争效力指数排名组合如图 9 - 2 所示。34 个国家被以科技竞争实力排名和科技竞争效力排名为 17 的两条虚线划分在四个象限。本报告将位于第 Ⅰ 象限的国家归为高科技竞争实

力、高科技竞争效力国家（简称高实力、高效力国家），位于第Ⅱ象限的国家
归为低科技竞争实力、高科技竞争效力国家（简称低实力、高效力国家），位
于第Ⅳ象限的国家归为高科技竞争实力、低科技竞争效力国家（简称高实力、
低效力国家），位于第Ⅲ象限的国家归为低科技竞争实力、低科技竞争效力国
家（简称低实力、低效力国家）。

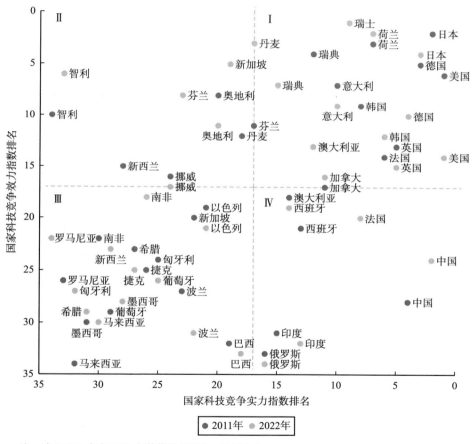

图 9-2　34 个国家科技竞争实力与科技竞争效力指数排名组合象限图

（2011 年和 2022 年比较）

资料来源：指标值根据"十步骤"计算，数据来源为科睿唯安 InCites 数据库、经济合作与发展组织（OECD）数据库、世界知识产权组织和世界银行数据库。

2022 年，高实力、高效力国家主要包括美国、日本、德国、英国等 12 个

国家；低实力、高效力国家主要包括智利、新加坡、奥地利等 5 个国家。高实力、低效力国家主要包括中国、印度、俄罗斯等 5 个国家。低实力、低效力国家主要包括马来西亚、南非、捷克、希腊等 12 个国家；2011 年和 2022 年四类国家具体情况如表 9 – 1 所示。

表 9 – 1   34 个国家四象限分类结果（科技竞争实力和科技竞争效力组合）

类别	2011 年每种类别所含国家	2022 年每种类别所含国家
Ⅰ 高实力、高效力国家	瑞士、日本、荷兰、瑞典、德国、美国、意大利、韩国、英国、法国、芬兰、加拿大	瑞士、荷兰、丹麦、日本、瑞典、意大利、德国、韩国、澳大利亚、英国、美国、加拿大
Ⅱ 低实力、高效力国家	奥地利、智利、丹麦、新西兰、挪威	新加坡、智利、芬兰、奥地利、挪威
Ⅲ 低实力、低效力国家	以色列、新加坡、南非、希腊、匈牙利、捷克、罗马尼亚、波兰、葡萄牙、墨西哥、巴西、马来西亚	南非、以色列、罗马尼亚、新西兰、捷克、葡萄牙、匈牙利、墨西哥、希腊、马来西亚、波兰、巴西
Ⅳ 高实力、低效力国家	澳大利亚、西班牙、中国、印度、俄罗斯	西班牙、法国、中国、印度、俄罗斯

资料来源：指标值根据"十步骤"计算，数据来源为科睿唯安 InCites 数据库、经济合作与发展组织（OECD）数据库、世界知识产权组织和世界银行数据库。

为进一步从不同角度刻画分类，利用 K – 均值聚类法对 34 个国家 2011 年和 2022 年的科技竞争实力与科技竞争效力指数排名组合分别聚类，分为Ⅰ、Ⅱ、Ⅲ、Ⅳ四类。2022 年，第Ⅰ类主要包括美国、英国、中国等 9 个国家；第Ⅱ类主要包括瑞士、瑞典、丹麦等 7 个国家；第Ⅲ类主要包括智利、罗马尼亚等 8 个国家；第Ⅳ类主要包括巴西、印度、匈牙利等 10 个国家，如表 9 – 2 所示。对比两种分类结果发现，四象限分类法和 K – 均值聚类法的分类结果大致相同。

表 9 – 2   34 个国家 K – 均值聚类分类结果（科技竞争实力和科技竞争效力组合）

类别	2011 年每种类别所含国家	2022 年每种类别所含国家
第Ⅰ类国家	法国、德国、意大利、日本、荷兰、韩国、瑞典、瑞士、英国、美国	澳大利亚、加拿大、中国、法国、德国、韩国、西班牙、英国、美国
第Ⅱ类国家	奥地利、智利、丹麦、芬兰、以色列、新西兰、挪威、新加坡	丹麦、意大利、日本、荷兰、新加坡、瑞典、瑞士
第Ⅲ类国家	捷克、希腊、匈牙利、马来西亚、墨西哥、波兰、葡萄牙、罗马尼亚、南非	奥地利、智利、芬兰、以色列、新西兰、挪威、罗马尼亚、南非

续表

类别	2011 年每种类别所含国家	2022 年每种类别所含国家
第Ⅳ类国家	澳大利亚、巴西、加拿大、中国、印度、俄罗斯、西班牙	巴西、捷克、希腊、匈牙利、印度、马来西亚、墨西哥、波兰、葡萄牙、俄罗斯

资料来源：指标值根据"十步骤"计算，数据来源为科睿唯安 InCites 数据库、经济合作与发展组织（OECD）数据库、世界知识产权组织和世界银行数据库。

3. 国家科技竞争格局与国家 GDP 或国家人均 GDP 的关系

图 9 - 3 至图 9 - 6 展示了实力和效力组合下的国家科技竞争格局分布与国家 GDP 和国家人均 GDP 的关系。可以看出，实力和效力组合背景下国家科技竞争格局与国家 GDP 或国家人均 GDP 都表现出显著的关系。

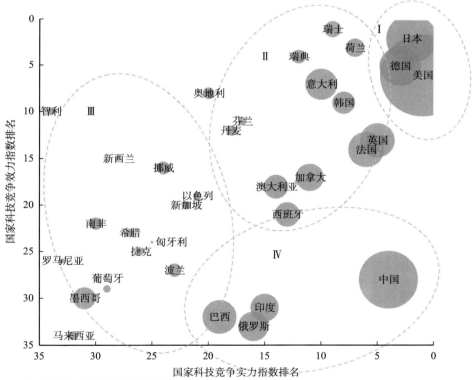

注：气泡大小表征数据标准化的国家 GDP。

图 9 - 3　2011 年 34 个国家科技竞争实力和科技竞争效力指数排名组合聚类分布

（按国家 GDP 排名）

资料来源：指标值根据"十步骤"计算，数据来源为科睿唯安 InCites 数据库、经济合作与发展组织（OECD）数据库、世界知识产权组织和世界银行数据库。

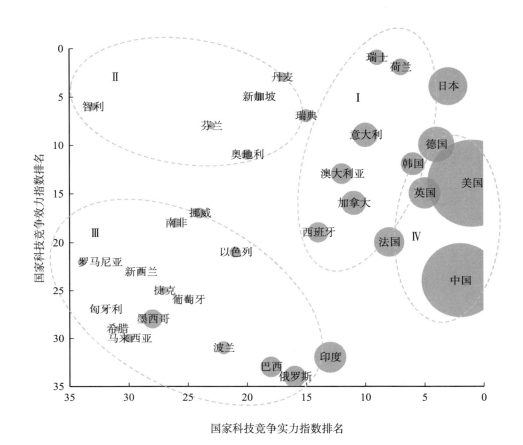

注：气泡大小表征数据标准化国家 GDP。

图 9 – 4　2022 年 34 个国家科技竞争实力与科技竞争

效力指数排名组合聚类分布（按国家 GDP 排名）

资料来源：指标值根据"十步骤"计算，数据来源为科睿唯安 InCites 数据库、经济合作与发展组织（OECD）数据库、世界知识产权组织和世界银行数据库。

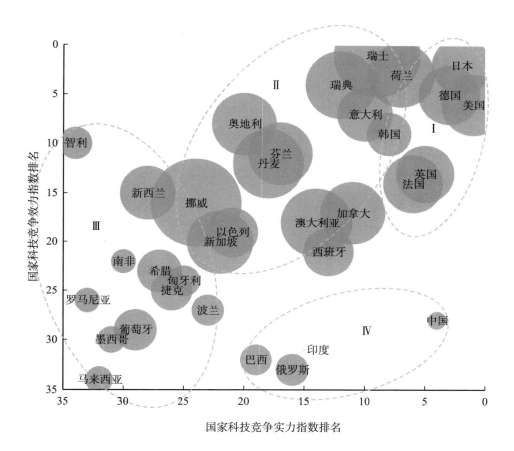

注：气泡大小表征国家人均 GDP。

图 9 - 5　2011 年 34 个国家科技竞争实力和科技竞争

效力指数排名组合聚类分布（按国家人均 GDP 排名）

资料来源：指标值根据"十步骤"计算，数据来源为科睿唯安 InCites 数据库、经济合作与发展组织（OECD）数据库、世界知识产权组织和世界银行数据库。

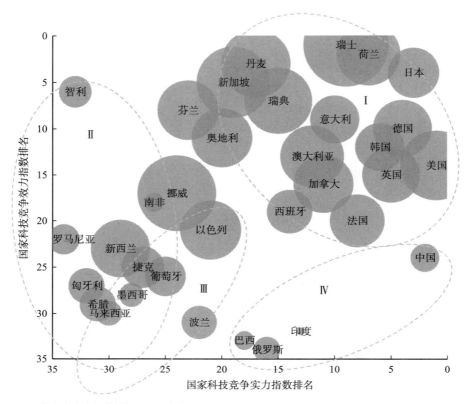

注：气泡大小表征数据标准化国家人均 GDP。

图 9 – 6　2022 年 34 个国家科技竞争实力与科技竞争效力指数排名组合聚类分布

（按国家人均 GDP 排名）

资料来源：指标值根据"十步骤"计算，数据来源为科睿唯安 InCites 数据库、经济合作与发展组织（OECD）数据库、世界知识产权组织和世界银行数据库。

二、国家科技竞争实力与科技竞争潜力的关联关系及国家竞争格局研究

1. 关联关系研究

计算得到 2022 年 34 个国家科技竞争实力与科技竞争潜力指数值之间 Pearson 相关系数为 0.540（Spearman 相关系数为 0.591），这表明 34 个国家科技竞争实力与科技竞争潜力的指数值之间存在一定的线性相关关系（见图 9 – 7）。

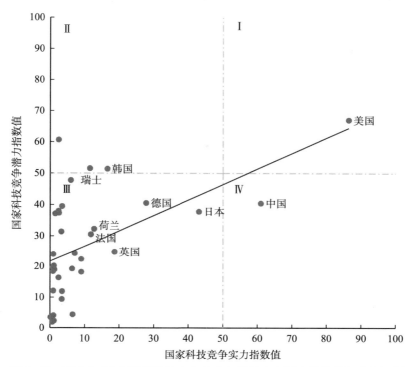

图 9 - 7　2022 年 34 个国家科技竞争实力与科技竞争潜力指数值组合象限图

资料来源：指标值根据"十步骤"计算，数据来源为科睿唯安 InCites 数据库、经济合作与发展组织（OECD）数据库、世界知识产权组织和世界银行数据库。

2. 竞争格局研究

为了更加清晰地展现 34 个国家在科技竞争实力与科技竞争潜力组合情况下国家科技竞争格局，利用国家科技竞争实力与科技竞争效力指数排名进行刻画，采用四象限分类法和 K - 均值聚类法分别分析。

图 9 - 8 为 2022 年和 2011 年的 34 个国家科技竞争实力与科技竞争潜力指数排名组合象限图。34 个国家被以科技竞争实力排名和科技竞争效力排名为 17 的两条虚线划分在四个象限。本报告将位于第 I 象限的国家归为高科技竞争实力、高科技竞争潜力国家（简称高实力、高潜力国家），位于第 II 象限的国家归为低科技竞争实力、高科技竞争潜力国家（简称低实力、高潜力国家），位于第 IV 象限的国家归为高科技竞争实力、低科技竞争潜力国家（简称高实力、低潜力国家），落在第 III 象限的国家归为低科技竞争实力、低科技竞争潜力国家（简称低实力、低潜力国家）。

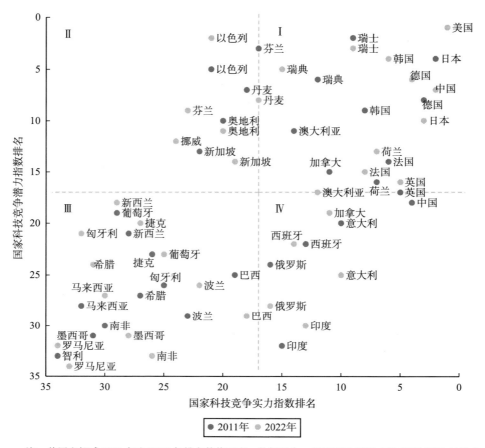

注：美国和挪威 2011 年和 2022 年排名数值不变，数据重合；罗马尼亚 2011 年和智利 2022 年排名数据相同，数据重合。

图 9 – 8　34 个国家科技竞争实力与科技竞争潜力指数排名组合象限图

（2011 年和 2022 年比较）

资料来源：指标值根据"十步骤"计算，数据来源为科睿唯安 InCites 数据库、经济合作与发展组织（OECD）数据库、世界知识产权组织和世界银行数据库。

2022 年，高实力、高潜力国家主要包括美国、日本、中国等 12 个国家；低实力、高潜力国家主要包括挪威、以色列等 5 个国家；高实力、低潜力国家主要包括印度、加拿大、俄罗斯等 5 个国家；低实力、低潜力国家主要包括巴西、智利、捷克等 12 个国家，如表 9 – 3 所示。其中，美国科技竞争实力和潜力在 2011 ~ 2022 年始终排名第 1 位，领先其他国家；中国科技竞争实力与潜力在 2011 ~ 2022 年排名大幅增长，2022 年中国科技竞争实力排名第二，科技竞争潜力排名第七。

表 9-3　34 个国家四象限分类结果（科技竞争实力和科技竞争潜力组合）

类别	2011 年每种类别所含国家	2022 年每种类别所含国家
Ⅰ 高实力、高潜力国家	澳大利亚、加拿大、芬兰、法国、德国、日本、荷兰、韩国、瑞典、瑞士、英国、美国	澳大利亚、中国、丹麦、法国、德国、日本、荷兰、韩国、瑞典、瑞士、英国、美国
Ⅱ 低实力、高潜力国家	以色列、奥地利、丹麦、挪威、新加坡	以色列、奥地利、丹麦、挪威、新加坡
Ⅲ 低实力、低潜力国家	巴西、智利、捷克、希腊、匈牙利、马来西亚、墨西哥、新西兰、波兰、葡萄牙、罗马尼亚、南非	巴西、智利、捷克、希腊、匈牙利、马来西亚、墨西哥、新西兰、波兰、葡萄牙、罗马尼亚、南非
Ⅳ 高实力、低潜力国家	印度、俄罗斯、西班牙、意大利、中国	加拿大、印度、意大利、俄罗斯、西班牙

资料来源：指标值根据"十步骤"计算，数据来源为科睿唯安 InCites 数据库、经济合作与发展组织（OECD）数据库、世界知识产权组织和世界银行数据库。

利用 K-均值聚类法对 34 个国家 2011 年和 2022 年国家科技竞争实力和国家科技竞争潜力指数排名组合分别聚类，分为 Ⅰ、Ⅱ、Ⅲ、Ⅳ 四类。2022年，第 Ⅰ 类主要有中国、美国、日本等 12 个国家；第 Ⅱ 类主要有奥地利、捷克、芬兰等 8 个国家；第 Ⅲ 类主要有智利、希腊、马来西亚等 6 个国家；第 Ⅳ 类主要有巴西、加拿大、印度等 8 个国家，如表 9-4 所示。对比两种分类方法，发现四象限分类和 K-均值聚类分类法的两种分类结果大致相同。

表 9-4　34 个国家 K-均值聚类分类结果（科技竞争实力和科技竞争潜力组合）

类别	2011 年每种类别所含国家	2022 年每种类别所含国家
第 Ⅰ 类国家	加拿大、中国、法国、德国、意大利、日本、荷兰、韩国、瑞典、瑞士、英国、美国	中国、丹麦、法国、德国、以色列、日本、荷兰、韩国、瑞典、瑞士、英国、美国
第 Ⅱ 类国家	澳大利亚、奥地利、丹麦、芬兰、以色列、挪威、新加坡	奥地利、捷克、芬兰、匈牙利、新西兰、挪威、葡萄牙、新加坡
第 Ⅲ 类国家	智利、希腊、马来西亚、墨西哥、罗马尼亚、南非	智利、希腊、马来西亚、墨西哥、罗马尼亚、南非
第 Ⅳ 类国家	巴西、捷克、匈牙利、印度、新西兰、波兰、葡萄牙、俄罗斯、西班牙	澳大利亚、巴西、加拿大、印度、意大利、波兰、俄罗斯、西班牙

资料来源：指标值根据"十步骤"计算，数据来源为科睿唯安 InCites 数据库、经济合作与发展组织（OECD）数据库、世界知识产权组织和世界银行数据库。

3. 竞争格局与国家 GDP 或国家人均 GDP 的关系

图 9-9 至图 9-12 展示了实力和潜力组合下的国家科技竞争格局分布与国家 GDP 和国家人均 GDP 的关系。可以看出，实力和潜力组合背景下国家科技竞争格局与 GDP 或人均 GDP 都表现出显著的关系，与前者更加显著。

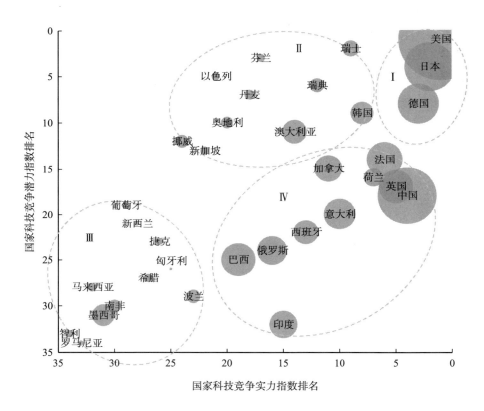

注：气泡大小表征数据标准化国家 GDP。

图 9-9   2011 年 34 个国家科技竞争实力与科技竞争

潜力指数排名组合聚类分布（按国家 GDP 排名）

资料来源：指标值根据"十步骤"计算，数据来源为科睿唯安 InCites 数据库、经济合作与发展组织（OECD）数据库、世界知识产权组织和世界银行数据库。

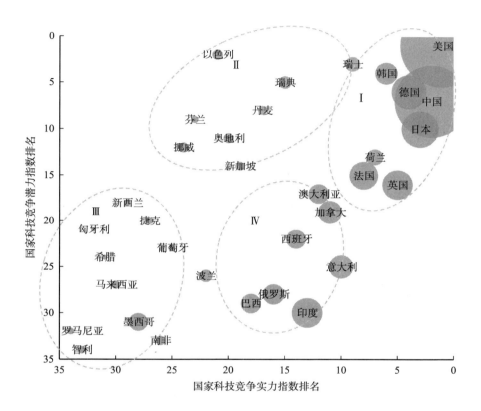

注：气泡大小表征数据标准化国家 GDP。

图 9 – 10 2022 年 34 个国家科技竞争实力和科技竞争

潜力指数排名组合聚类分布（按国家 GDP 排名）

资料来源：指标值根据"十步骤"计算，数据来源为科睿唯安 InCites 数据库、经济合作与发展组织（OECD）数据库、世界知识产权组织和世界银行数据库。

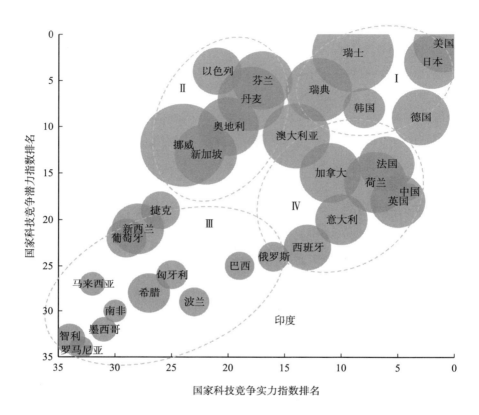

注：气泡大小表征数据标准化国家人均 GDP。

图 9 – 11　2011 年 34 个国家科技竞争实力和科技竞争

潜力指数排名组合聚类分布（按国家人均 GDP 排名）

资料来源：指标值根据"十步骤"计算，数据来源为科睿唯安 InCites 数据库、经济合作与发展组织（OECD）数据库、世界知识产权组织和世界银行数据库。

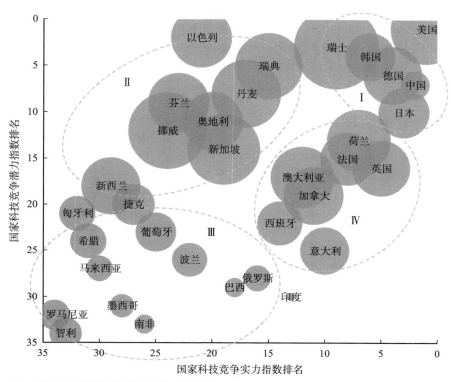

注：气泡大小表征数据标准化国家人均 GDP。

图 9－12　2022 年 34 个国家科技竞争实力和科技竞争潜力指数排名组合聚类分布

（按国家人均 GDP 排名）

资料来源：指标值根据"十步骤"计算，数据来源为科睿唯安 InCites 数据库、经济合作与发展组织（OECD）数据库、世界知识产权组织和世界银行数据库。

三、国家科技竞争效力与科技竞争潜力的关联关系和竞争格局研究

1. 关联关系研究

计算得到 2022 年 34 个国家科技竞争效力与科技竞争潜力指数值之间 Pearson 相关系数为 0.491（Spearman 相关系数为 0.566），这表明 34 个国家科技竞争效力与科技竞争潜力的指数值之间存在显著的线性相关关系见图 9－13。

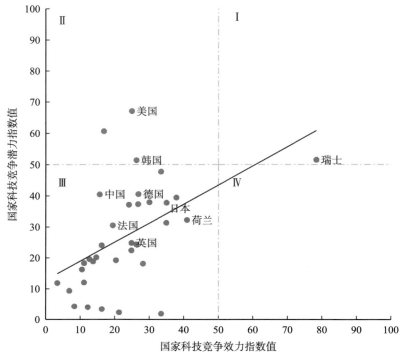

图 9 – 13　2022 年 34 个国家科技竞争效力与科技竞争潜力指数值象限图

资料来源：指标值根据"十步骤"计算，数据来源为科睿唯安 InCites 数据库、经济合作与发展组织（OECD）数据库、世界知识产权组织和世界银行数据库。

2. 竞争格局研究

为了更清晰地展现 34 个国家在科技竞争效力与科技竞争潜力两个方面的科技竞争格局，利用国家科技竞争效力与潜力指数排名进行刻画，采用四象限分类法和 K – 均值聚类法分别分析。

图 9 – 14 为 2022 年和 2011 年的 34 个国家科技竞争效力与科技竞争潜力指数排名组合象限图。34 个国家被以科技竞争效力排名和科技竞争潜力排名为 17 的两条虚线划分在四个象限。本报告将第 I 象限的国家归为高科技竞争效力、高科技竞争潜力国家（简称高效力、高潜力国家），位于第 II 象限的国家归为低科技竞争效力、高科技竞争潜力国家（简称低效力、高潜力国家），位于第 IV 象限的国家为高科技竞争效力、低科技竞争潜力国家（简称高效力、低潜力国家），位于第 III 象限的国家归为低科技竞争效力、低科技竞争潜力国家（简称低效力、低潜力国家）。

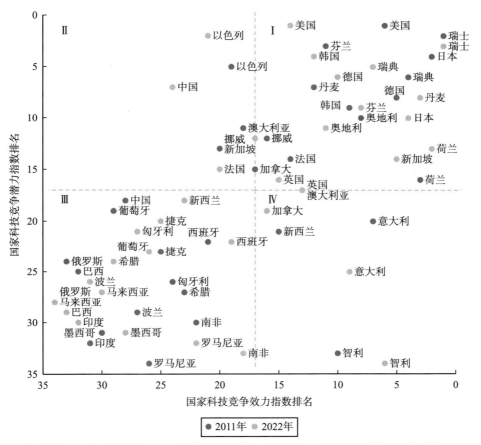

图9-14　34个国家科技竞争效力与科技竞争潜力指数排名组合象限图

（2011年和2022年比较）

注：英国2011年和澳大利亚2022年排名数值相同，数据重合；马来西亚2011年和俄罗斯2022年排名数据相同，数据重合。

资料来源：指标值根据"十步骤"计算，数据来源为科睿唯安InCites数据库、经济合作与发展组织（OECD）数据库、世界知识产权组织和世界银行数据库。

　　2022年，高效力、高潜力国家主要包括瑞士、日本、美国等14个国家；低效力、高潜力国家主要包括中国、法国和以色列3个国家；高效力、低潜力国家主要包括加拿大、智利和意大利3个国家；低效力、低潜力国家主要包括巴西、俄罗斯、墨西哥、印度等14个国家，如表9-5所示。其中，中国的科技竞争效力较低，但具有很大的科技竞争潜力。

表 9 - 5　　　　　　　　34 个国家四象限分类结果（效力和潜力组合）

类别	2011 年每种类别所含国家	2022 年每种类别所含国家
Ⅰ 高效力、高潜力国家	奥地利、加拿大、丹麦、芬兰、法国、德国、日本、荷兰、挪威、韩国、瑞典、瑞士、英国、美国	澳大利亚、奥地利、丹麦、芬兰、德国、日本、荷兰、挪威、新加坡、韩国、瑞典、瑞士、英国、美国
Ⅱ 低效力、高潜力国家	澳大利亚、以色列、新加坡	中国、法国、以色列
Ⅲ 低效力、低潜力国家	巴西、中国、捷克、希腊、匈牙利、印度、马来西亚、墨西哥、波兰、葡萄牙、罗马尼亚、俄罗斯、南非、西班牙	巴西、捷克、希腊、匈牙利、印度、马来西亚、墨西哥、新西兰、波兰、葡萄牙、罗马尼亚、俄罗斯、南非、西班牙
Ⅳ 高效力、低潜力国家	智利、意大利、新西兰	加拿大、智利、意大利

资料来源：指标值根据"十步骤"计算，数据来源为科睿唯安 InCites 数据库、经济合作与发展组织（OECD）数据库、世界知识产权组织和世界银行数据库。

利用 K - 均值聚类法对 34 个国家 2011 年和 2022 年的国家科技竞争效力和国家科技竞争潜力指数排名组合分别聚类，分为Ⅰ、Ⅱ、Ⅲ、Ⅳ四类。2022年，第Ⅰ类主要包括美国、日本、瑞士等 10 个国家；第Ⅱ类主要包括加拿大、中国、挪威等 9 个国家；第Ⅲ类主要包括俄罗斯、巴西等 11 个国家；第Ⅳ类主要包括智利、意大利等 4 个国家，如表 9 - 6 所示。对比两种分类方法发现，四象限分类和 K - 均值聚类分类法的两种分类结果大致相同。

表 9 - 6　　　　34 个国家 K - 均值聚类分类结果（效力和潜力组合）

类别	2011 年每种类别所含国家	2022 年每种类别所含国家
第Ⅰ类国家	奥地利、德国、日本、荷兰、韩国、瑞典、瑞士、美国	奥地利、丹麦、芬兰、德国、以色列、日本、韩国、瑞典、瑞士、美国
第Ⅱ类国家	丹麦、芬兰、以色列	澳大利亚、加拿大、中国、捷克、法国、新西兰、挪威、西班牙、英国
第Ⅲ类国家	巴西、智利、中国、捷克、希腊、匈牙利、印度、马来西亚、墨西哥、波兰、葡萄牙、罗马尼亚、俄罗斯、南非、西班牙	巴西、希腊、匈牙利、印度、马来西亚、墨西哥、波兰、葡萄牙、罗马尼亚、俄罗斯、南非
第Ⅳ类国家	澳大利亚、加拿大、法国、意大利、新西兰、挪威、新加坡、英国	智利、意大利、荷兰、新加坡

资料来源：指标值根据"十步骤"计算，数据来源为科睿唯安 InCites 数据库、经济合作与发展组织（OECD）数据库、世界知识产权组织和世界银行数据库。

3. 竞争格局与国家 GDP 或国家人均 GDP 的关系

图 9 - 15 至图 9 - 18 展现了实力和效力组合下的国家科技竞争格局分布与 GDP 和人均 GDP 的关系。可以看出，实力和效力组合背景下国家科技竞争格局与国家 GDP 或国家人均 GDP 都未表现出显著的关系。

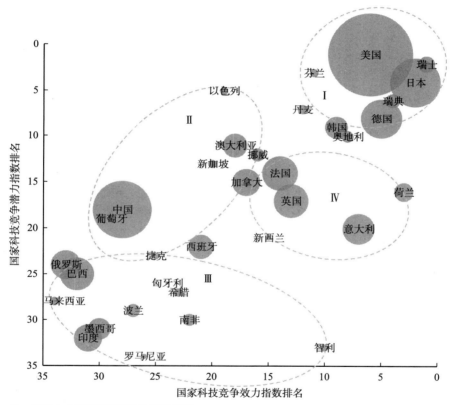

注：气泡大小表征数值标准化国家 GDP。

图 9 - 15 2011 年 34 个国家科技竞争效力与科技竞争潜力排名组合聚类分布
（按国家 GDP 排名）

资料来源：指标值根据"十步骤"计算，数据来源为科睿唯安 InCites 数据库、经济合作与发展组织（OECD）数据库、世界知识产权组织和世界银行数据库。

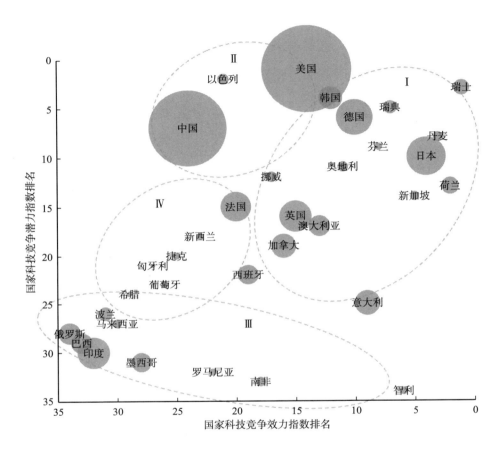

注：气泡大小表征数值标准化国家GDP。

图 9 – 16 2022 年 34 个国家科技竞争效力与国家科技竞争

潜力指数排名组合聚类分布（按国家 GDP 排名）

资料来源：指标值根据"十步骤"计算，数据来源为科睿唯安 InCites 数据库、经济合作与发展组织（OECD）数据库、世界知识产权组织和世界银行数据库。

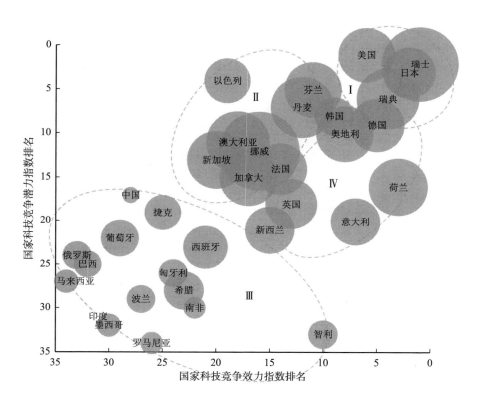

注：气泡大小表征数值标准化国家人均 GDP。

图 9 – 17　2011 年 34 个国家科技竞争效力与国家科技竞争

潜力指数排名组合聚类分布（按国家人均 GDP 排名）

资料来源：指标值根据"十步骤"计算，数据来源为科睿唯安 InCites 数据库、经济合作与发展组织（OECD）数据库、世界知识产权组织和世界银行数据库。

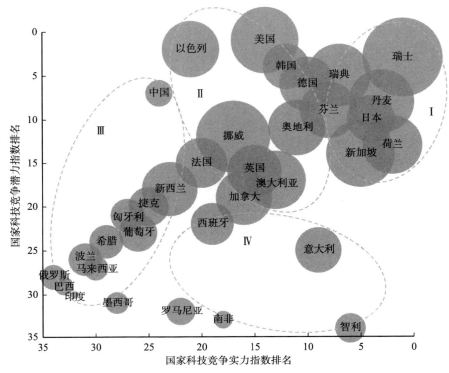

注：气泡大小表征数据标准化国家人均 GDP。

图 9 – 18   2022 年 34 个国家科技竞争效力和科技竞争潜力排名组合聚类分布

（按国家人均 GDP 排名）

资料来源：指标值根据"十步骤"计算，数据来源为科睿唯安 InCites 数据库、经济合作与发展组织（OECD）数据库、世界知识产权组织和世界银行数据库。

第二节   外部关联分析

一、国家科技竞争力与国家 GDP 的关联关系研究

计算得到 2022 年 34 个国家科技竞争力指数值与 GDP 指标得分之间 Pearson 相关系数为 0.589（Spearman 相关系数值为 0.589），这表明国家科技竞争力指数值与 GDP 指标得分之间存在显著的相关关系，如图 9 – 19 所示。34 个

国家分布在拟合线的周围，大致呈线性趋势。除美国和中国外，其他 32 个国家集中在第Ⅲ象限内，原因是中国和美国 GDP 比较突出。

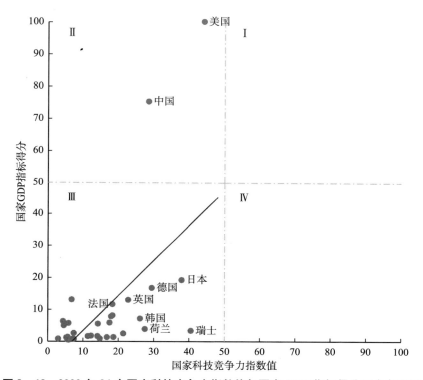

图 9 - 19　2022 年 34 个国家科技竞争力指数值与国家 GDP 指标得分组合象限图

资料来源：指标值根据"十步骤"计算，数据来源为科睿唯安 InCites 数据库、经济合作与发展组织（OECD）数据库、世界知识产权组织和世界银行数据库。

图 9 - 20 展现了 2011 年和 2022 年 34 个国家在两个维度上的排名组合分布，更加清晰地刻画不同国家科技竞争力与国家 GDP 的相对情况。可以看到，传统的科技强国，如美国、法国、德国、英国和日本，都分布于第Ⅰ象限的右上角，而经济总量占优势的新兴经济体，如印度、巴西、俄罗斯等国家因国家科技竞争力较弱，主要分布在第Ⅱ象限。

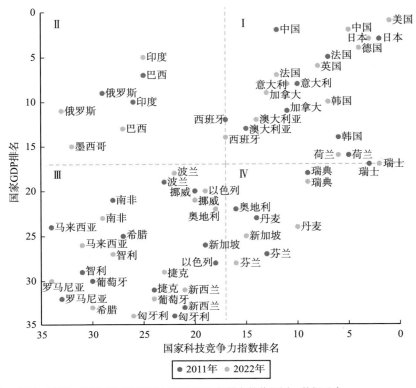

注：美国、英国、墨西哥和德国 2011 年和 2022 年排名数值相同，数据重合。

图 9 - 20　34 个国家科技竞争力与国家 GDP 排名组合象限图（2011 年和 2022 年比较）

资料来源：指标值根据"十步骤"计算，数据来源为科睿唯安 InCites 数据库、经济合作与发展组织（OECD）数据库、世界知识产权组织和世界银行数据库。

二、国家科技竞争力与国家人均 GDP 的关联关系研究

计算得到 2022 年 34 个国家科技竞争力与国家人均 GDP 的指数值之间 Pearson 相关系数为 0.620（Spearman 相关系数值为 0.671），这表明科技竞争力指数值与国家人均 GDP 指标得分之间存在显著的相关关系，如图 9 - 21 所示。34 个国家分布在拟合线的周围，除挪威和瑞士受到人均 GDP 拉高外，其他国家整体上大致呈线性趋势。大部分国家集中在第Ⅲ象限内，科技竞争力水平明显较低。另外，大部分发达国家受到人均 GDP 较高的拉升，多位于第Ⅲ象限的上部和第Ⅱ象限内。中国在新兴经济体中科技竞争力表现突出，但受到人口规模大等因素影响，人均 GDP 表现不佳。整体上看，面向 2025 年，34 个

国家的科技竞争力水平都有待进一步提升。

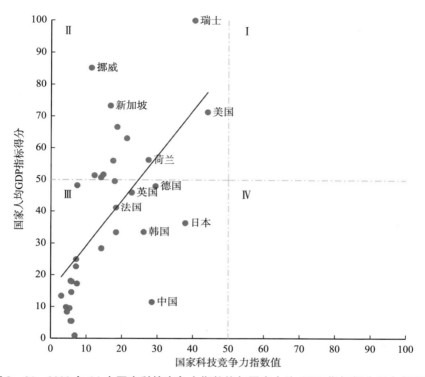

图 9 – 21　2022 年 34 个国家科技竞争力指数值与国家人均 GDP 指标得分组合象限图

资料来源：指标值根据"十步骤"计算，数据来源为科睿唯安 InCites 数据库、经济合作与发展组织（OECD）数据库、世界知识产权组织和世界银行数据库。

图 9 – 22 展现了 2011 年和 2022 年 34 个国家两个维度上的排名组合分布，更加清晰地刻画不同国家科技竞争力与人均 GDP 的相对情况。从中可以看出，传统发达国家，如美国、英国、法国、德国、瑞典等，科技竞争力和国家人均 GDP 排名都比较靠前，基本分布在第 I 象限内；而经济总量占优势的新兴经济体，如印度、巴西、俄罗斯等国家因受到人口规模大等因素影响，国家人均 GDP 排名较为靠后，基本分布在第 III 象限内。中国 2011～2022 年科技竞争力提升迅速且幅度较大，由 2011 年的排名第 12 位升至 2022 年的第 5 位，但中国人均 GDP 排名上升速度缓慢，仍需要加强经济建设。

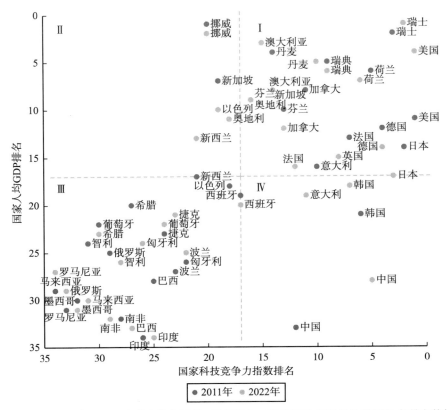

注：英国2011年和2022年排名数值不变，数据重合；芬兰2022年和奥地利2011年排名数值相同，数据重合；澳大利亚2011年和新加坡2022年排名数值相同，数据重合。

图9-22 34个国家科技竞争力指数排名与国家人均GDP排名组合象限图

（2011年和2022年比较）

资料来源：指标值根据"十步骤"计算，数据来源为科睿唯安InCites数据库、经济合作与发展组织（OECD）数据库、世界知识产权组织和世界银行数据库。

三、国家科技竞争实力与国家GDP的关联关系研究

计算得到2022年34个国家科技竞争实力指数值与GDP指标得分之间Pearson相关系数为0.950（Spearman相关系数值为0.885），这表明科技竞争实力指数值与GDP指标得分之间存在显著的相关关系，如图9-23所示。34个国家分布在拟合线的周围。除了美国和中国外，其余32个国家集中在第Ⅲ象限内。可见，美国、中国国家GDP和科技竞争实力大幅领先世界其他国家。

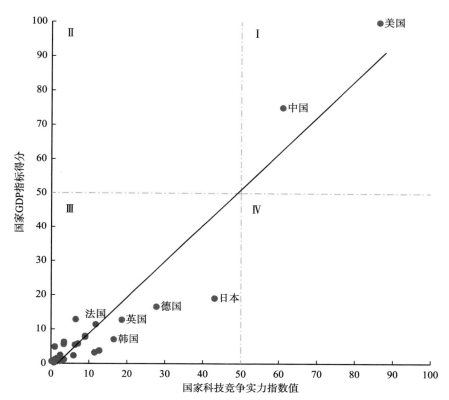

图 9 - 23　2022 年 34 个国家科技竞争实力指数值与国家 GDP
指标得分分组合象限图

资料来源：指标值根据"十步骤"计算，数据来源为科睿唯安 InCites 数据库、经济合作与发展组织（OECD）数据库、世界知识产权组织和世界银行数据库。

图 9 - 24 展示了 2011 年和 2022 年 34 个国家两个维度上的排名分布，更加清晰地刻画了不同国家科技竞争实力与 GDP 的相对情况。可以看出，绝大部分国家的都分布在第 Ⅰ 象限和第 Ⅲ 象限中，说明国家科技竞争实力与国家 GDP 有强相关性。

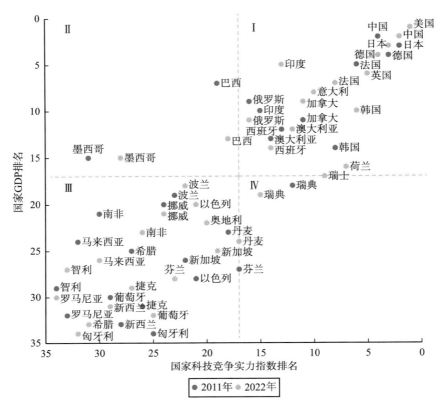

图 9 - 24 34 个国家科技竞争实力指数排名与国家 GDP 排名组合象限图

（2011 年和 2022 年比较）

注：奥地利、意大利、荷兰、瑞士、英国和美国 2011 年和 2022 年排名数值不变，数据重合。

资料来源：指标值根据"十步骤"计算，数据来源为科睿唯安 InCites 数据库、经济合作与发展组织（OECD）数据库、世界知识产权组织和世界银行数据库。

四、国家科技竞争效力与国家人均 GDP 的关联关系研究

计算得到 2022 年 34 个国家科技竞争效力指数值与国家人均 GDP 指标得分之间的 Pearson 相关系数为 0.746（Spearman 相关系数值为 0.732），表明国家科技竞争效力指数值与国家人均 GDP 标准化值之间存在显著的相关关系，如图 9 - 25 所示。34 个国家大致分布在拟合线的周围。从整体上看，34 个国家科技竞争效力表现均不佳，除瑞士外其他国家均未超过 50 指数值中线，主要集中在第Ⅱ、Ⅲ象限内。传统发达国家，如美国、英国、法国等，由于国家

人均 GDP 排名较高，基本位于拟合线上方；而部分发达国家，如日本、韩国等，受到科技竞争效力较低的影响，基本位于拟合线下方。新兴经济体的人均 GDP 和科技竞争效力表现均比较逊色，位于第Ⅲ象限的左下位置且在拟合线之下。

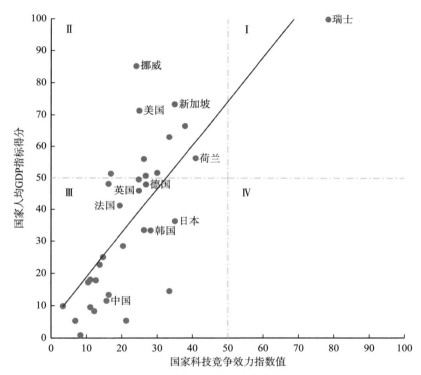

图 9 - 25　2022 年 34 个国家科技竞争效力指数值与国家人均 GDP 指标得分组合象限图

资料来源：指标值根据"十步骤"计算，数据来源为科睿唯安 InCites 数据库、经济合作与发展组织（OECD）数据库、世界知识产权组织和世界银行数据库。

为了更加清晰地刻画不同国家科技竞争效力与人均 GDP 的相对情况，绘制了 2011 年和 2022 年 34 个国家在两个维度上的排名分布图，如图 9 - 26 所示。可以看到，大部分发达国家，如美国、瑞士、瑞典、英国等人均 GDP 和科技竞争效力表现均比较好，都分布在第Ⅰ象限内；而新兴经济体，如巴西、印度、俄罗斯等人均 GDP 和科技竞争效力表现较为逊色，集中分布在第Ⅲ象限内。

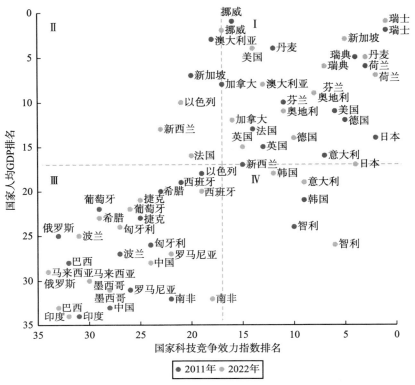

注：马来西亚 2011 年和俄罗斯 2022 年排名数值相同，数据重合；墨西哥 2011 年和马来西亚 2022 年排名数值相同，数据重合；奥地利 2011 年和芬兰 2022 年排名数值相同，数据重合。

图 9 - 26　34 个国家科技竞争效力指数排名与国家人均 GDP 排名组合象限图

（2011 年和 2022 年比较）

资料来源：指标值根据"十步骤"计算，数据来源为科睿唯安 InCites 数据库、经济合作与发展组织（OECD）数据库、世界知识产权组织和世界银行数据库。

五、国家科技竞争潜力与国家 GDP 的关联关系研究

计算得到 2022 年 34 个国家科技竞争潜力指数值与 GDP 指标得分之间 Pearson 相关系数为 0.433（Spearman 相关系数值为 0.289），表明科技竞争潜力指数值与 GDP 指标得分之间存在较为显著的相关关系，如图 9 - 27 所示。34 个国家大致分布在拟合线的周围。由于中国和美国 GDP 比较突出，除了美国和中国外，其余国家都分布在拟合线周围。美国由于国家科技竞争潜力指数表现更好（第 I 位），因此位于第 I 象限内；中国国家科技竞争潜力较为逊色，位于第 II 象限。

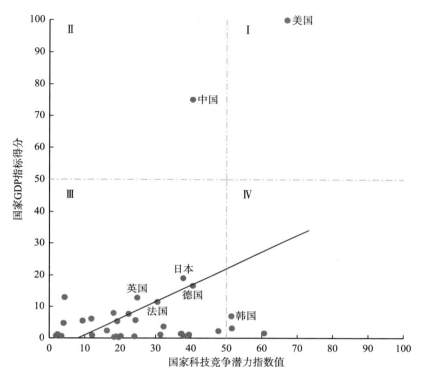

图 9 − 27　2022 年 34 个国家科技竞争潜力指数值与
国家 GDP 指标得分组合象限图

资料来源：指标值根据"十步骤"计算，数据来源为科睿唯安 InCites 数据库、经济合作与发展组织（OECD）数据库、世界知识产权组织和世界银行数据库。

图 9 − 28 展示了 2011 年和 2022 年 34 个国家在两个维度上的排名分布，更加清晰地刻画了不同国家科技竞争潜力与 GDP 的相对情况。可以看出，传统科技强国，如美国、法国、德国、英国和日本，都分布于第 I 象限内；而经济总量占优势的新兴经济体，如印度、巴西、俄罗斯等，因科技竞争潜力较弱，主要分布在第 II 象限内。其中，与 2011 年相比，中国表现比较突出，科技竞争潜力提升明显，已跻身于第 I 象限。

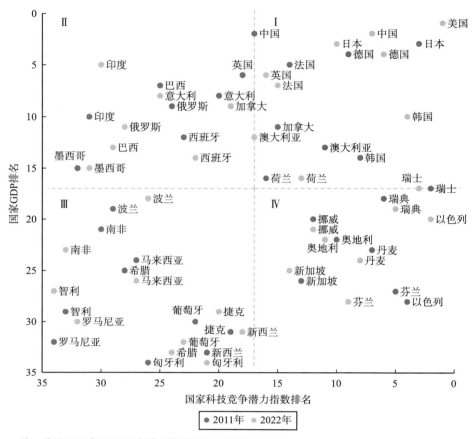

注：美国2011年和2022年排名数值相同，数据重合。

图9-28 34个国家科技竞争潜力与国家GDP排名组合象限图

（2011年和2022年比较）

资料来源：指标值根据"十步骤"计算，数据来源为科睿唯安 InCites 数据库、经济合作与发展组织（OECD）数据库、世界知识产权组织和世界银行数据库。

六、国家科技竞争潜力与国家人均GDP的关联关系研究

计算得到2022年34个国家科技竞争潜力指数值与国家人均GDP指标得分之间的 Pearson 相关系数为0.741（Spearman 相关系数值为0.781），这表明国家科技竞争潜力指数值与国家人均GDP指标得分之间存在显著的相关关系，如图9-29所示。34个国家多数分布在拟合线的周围。

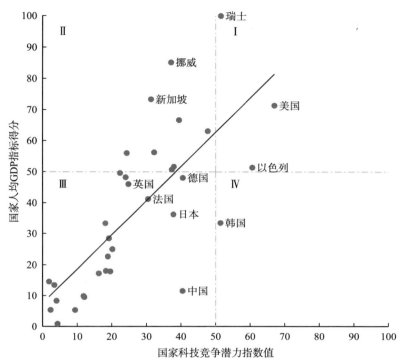

图 9 – 29　2022 年 34 个国家科技竞争潜力指数值与
国家人均 GDP 指标得分组合象限图

资料来源：指标值根据"十步骤"计算，数据来源为科睿唯安 InCites 数据库、经济合作与发展组织（OECD）数据库、世界知识产权组织和世界银行数据库。

　　图 9 – 30 展示了 2011 年和 2022 年 34 个国家在两个维度上的排名组合分布，更加清晰地刻画了不同国家科技竞争潜力与人均 GDP 的相对情况。可以看出，传统发达国家，如瑞士、挪威、德国、英国等，国家人均 GDP 比较高，科技竞争潜力比较大，集中分布在第Ⅰ象限；而新兴经济体，如巴西、印度、墨西哥等，由于人口规模大等因素影响，集中分布在第Ⅲ象限内。与 2011 年相比，中国国家人均 GDP 排名和科技竞争潜力指数排名均有上升，从第Ⅲ象限和第Ⅳ象限的边界上移到第Ⅳ象限。

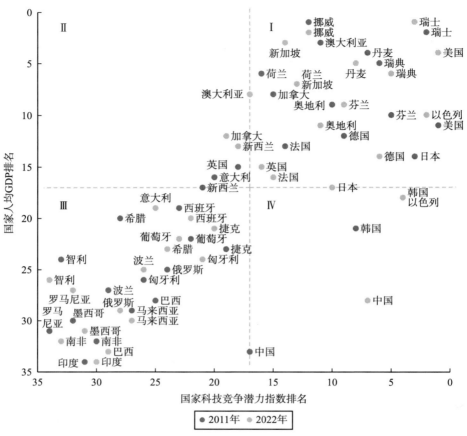

注：荷兰 2011 年和新加坡 2022 年排名数值相同，数据重合；以色列 2011 年和韩国 2022 年排名数值相同，数据重合。

图 9－30　34 个国家科技竞争潜力指数排名与国家人均 GDP 排名组合象限图

（2011 年和 2022 年比较）

资料来源：指标值根据"十步骤"计算，数据来源为科睿唯安 InCites 数据库、经济合作与发展组织（OECD）数据库、世界知识产权组织和世界银行数据库。

附　　录

附录一　指　标　解　释

1　科技竞争实力指数三级指标解释

1.1　国际期刊论文发表量

指标说明：国际期刊论文是 Web of Science 核心合集（不包含 ESCI）收录的论文。

数据来源：科睿唯安 InCites 数据库。

1.2　国际期刊论文被引量

指标说明：国际期刊论文被引量是指国际期刊论文的被引用总数。国际期刊论文是 Web of Science 核心合集（不包含 ESCI）收录的论文。国际期刊论文被引量是国际期刊论文在发表 5 年之内的平均被引用数。

数据来源：科睿唯安 InCites 数据库。

1.3　本国居民专利授权量

指标说明：本国居民专利授权量是指在一个国家内由在本国长期从事生产和消费的人或法人所递交专利申请后，经知识产权管理机构审批通过后授权的专利数量。

数据来源：世界知识产权组织。

1.4　三方专利授权量

指标说明：三方专利是指同时在美国专利局、日本专利局、欧洲专利局申请的专利。

数据来源：经济合作与发展组织。

1.5　PCT 专利申请量

指标说明：PCT 专利申请量是符合《专利合作条约》的专利申请。

数据来源：世界知识产权组织。

1.6　知识产权使用费收入

指标说明：知识产权使用费收入是指国家通过知识产权获得的收益。知识产权指"权利人对其所创作的智力劳动成果所享有的财产权利"；版税与许可费是指居民和非居民之间为在授权的情况下使用无形、不可再生的非金融资产和专有权利（例如专利、版权、商标、工业流程和特许权），以许可的形式使用原创产品的复制真品（例如电影和手稿）而进行的付款和收款。数据按现价美元计。

数据来源：世界银行。

2　科技竞争效力指数三级指标解释

2.1　单位研发投入国际期刊论文发表量

指标说明：单位研发投入国际期刊论文发表量是指单位研究人员投入国际期刊论文发表量和单位研发经费投入国际期刊论文发表量的综合表现。

数据来源：科睿唯安 InCites 数据库，世界银行。

2.2　单位研发投入国际期刊论文被引量

指标说明：单位研发投入国际期刊论文被引量是指单位研究人员投入国际期刊论文被引量和单位研发经费投入国际期刊论文被引量的综合表现。

数据来源：科睿唯安 InCites 数据库，世界银行。

2.3　单位研发投入本国居民专利授权量

指标说明：单位研发投入本国居民专利授权量是指单位研究人员投入本国居民专利授权量和单位研发经费投入本国居民专利授权量的综合表现。

数据来源：世界知识产权组织，世界银行。

2.4　单位研发投入三方专利授权量

指标说明：单位研发投入三方专利授权量是指单位研究人员投入三方专利授权量和单位研发经费投入三方专利授权量的综合表现。

数据来源：经济合作与发展组织，世界银行。

2.5　单位研发投入 PCT 专利申请量

指标说明：单位研发投入 PCT 专利申请量是指单位研究人员投入 PCT 专利申请量和单位研发经费投入 PCT 专利申请量的综合表现。

数据来源：世界知识产权组织，世界银行。

2.6　单位研发投入知识产权使用费收入

指标说明：单位研发投入知识产权使用费收入是指单位研究人员投入知识产权使用费收入和单位研发经费投入知识产权使用费收入的综合表现。知识产权使用费收入解释见 1.6。

数据来源：世界银行。

2.7　单篇国际期刊论文被引量

指标说明：单篇国际期刊论文被引量是指每篇国际期刊论文的被引用数。国际期刊论文是 Web of Science 核心合集（不包含 ESCI）收录的论文。单篇国际期刊论文被引量由国际论文在发表 5 年之内的篇均平均引用得到。

数据来源：科睿唯安 InCites 数据库。

3　科技竞争潜力指数三级指标解释

3.1　研究人员总数

指标说明：研究人员是指参与新知识、新产品、新流程、新方法或新系统的概念成形或创造，以及相关项目管理的专业人员，包括相关博士研究生（ISCED97 第 6 级）。研究人员数等于 R&D 研究人员（每百万人）与总人口（单位：百万人）的乘积。

数据来源：世界银行。

3.2　研发经费投入总额

指标说明：研发经费投入额是指系统性创新工作的经常支出和资本支出（国家和私人），其目的在于提升知识水平，包括人文、文化、社会知识，并将知识用于新的应用。研发包括基本研究、应用研究和实验开发。研发经费投入总额用研发经费投入占 GDP 的比例与 GDP 现价美元相乘得到。

数据来源：世界银行。

3.3　研发经费投入占 GDP 的比重

指标说明：研发经费投入占 GDP 的比重即研发经费支出占 GDP 的比重。

数据来源：世界银行。

3.4　每万人研究人员数

指标说明：研究人员是指参与新知识、新产品、新流程、新方法或新系统的概念成形或创造，以及相关项目管理的专业人员，包括相关博士研究生（ISCED97 第 6 级）。每万人研究人员数是单位人口中研究人员的个数。

数据来源：世界银行。

3.5 每万人研发经费投入额

指标说明：每万人研发经费投入额是平均每万人口所支出的研发经费。每万人研发经费投入额由研发经费投入总额除以人口数（单位：万人）得到。

数据来源：世界银行。

3.6 每万名研究人员研发经费投入额

指标说明：每万名研究人员研发经费投入额是平均每万名研究人员所支出的研发经费。每万名研究人员研发经费投入额由研发经费投入总额除以总研究人员数（单位：万人）得到。

数据来源：世界银行。

附录二　十步骤方法

建立了国家科技竞争力评估过程，包括评估问题界定、评估框架构建、指标体系构建、基础数据收集与样本选择、缺失数据处理、指标度量、数据标准化、权重确定、指数集成、结果分析十个步骤，如附图所示。

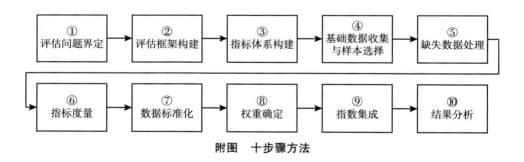

附图　十步骤方法

1. 评估问题界定

旨在全方位评价国家科技竞争力及世界科技竞争格局，重点关注中国科技竞争力表现，并与主要发达国家和金砖国家的科技竞争力进行对比分析。为此，需要对各国国家科技竞争力进行测度比较。

2. 评估框架构建

在理解国家科技竞争力内涵的基础上构建评估框架。将国家科技竞争力定义为：国家科技竞争力是指一个国家在一定竞争环境下，能够更有效地动员、利用科技资源并转化为科技产出的能力，包括国家科技竞争潜力、国家科技竞争效力和国家科技竞争实力三个方面。其中，"国家科技竞争潜力"是指一个国家在一定时期内科技投入的能力，包括人、财、物的投入规模和强度；"国家科技竞争实力"指一个国家在一定时期内科技产出的规模；"国家科技竞争效力"指一个国家在一定时期内科技投入产出效率。从国家科技竞争潜力、实力和效率三个方面构建国家科技竞争力分析框架，涵盖了国家科技投入、产出和过程三个方面的信息。

3. 指标体系构建

国家科技竞争力作为一级指数，国家科技竞争潜力、国家科技竞争效力、国家科技竞争实力三个指数作为二级指数。为表征三个二级指数，同时充分考虑到数据的可得性，国家科技竞争潜力用研究人员总数、研发经费投入总额、研发经费投入占 GDP 的比重、每万人研究人员数、每万人研发经费投入额、每万名研究人员研发经费投入额六个三级指标度量；国家科技竞争效力用单位研发投入国际期刊论文发表量、单位研发投入国际期刊论文被引量、单位研发投入本国居民专利授权量、单位研发投入三方专利授权量、单位研发投入 PCT 专利申请量、单位研发投入知识产权使用费收入、单篇国际期刊论文被引量七个三级指标度量；国家科技竞争实力用国际期刊论文发表量、国际期刊论文被引量、本国居民专利授权量、三方专利授权量、PCT 专利申请量、知识产权使用费收入六个三级指标度量。

4. 基础数据收集与样本选择

基础数据来源于科睿唯安 InCites 数据库、经济合作与发展组织数据库和世界银行数据库。为了进一步比较各国科技竞争力并刻画中国在世界科技竞争格局中的位置，依据国家经济规模、人口总量、数据可得性等因素筛选出世界34 个主要国家，作为分析比较样本，包括主要发达国家和金砖国家，即澳大利亚、奥地利、巴西、加拿大、智利、中国、捷克、丹麦、芬兰、法国、德国、希腊、匈牙利、印度、以色列、意大利、日本、马来西亚、墨西哥、荷兰、新西兰、挪威、波兰、葡萄牙、罗马尼亚、俄罗斯、新加坡、南非、韩国、西班牙、瑞典、瑞士、英国、美国。OECD 数据显示，2020 年，34 个国家 GDP 总量占世界 GDP 总量的 80% 以上。

5. 缺失数据处理

对个别国家在某些指标上个别年份数据缺失的情况，采用缺失值两侧相邻年份的平均值代替缺失值。这种方法的优点是可以使相邻年份数值产生承接，使数据不突兀。此外，由于数据统计存在一定的滞后性，并且不同的指标滞后长度和统计结果公布时间不同，导致个别指标数据有整年缺失的情况，根据前五年的数据用趋势外推的方法对该年份进行预测。2022 年的基础数据是基于历史数据预测得到。

6. 指标度量

指标体系中部分指标的数据，如研发经费投入占 GDP 的比重、国际期刊论文发表量、国际期刊论文被引量、本国居民专利授权量、三方专利授权量、PCT 专利申请量，直接用基础数据度量，即可从数据库中直接获取。两种处理无法直接获取指标值的方法，一是通过基础数据乘除获得，如对研究人员总数，可由 R&D 人员（每百万人）与总人口的原始数据计算获得；二是通过基础数据多步计算获得，如对单位研发投入 PCT 专利申请量，可由单位研究人员投入 PCT 专利申请量与单位研发经费投入 PCT 专利申请量标准化后等权计算获得。

7. 数据标准化

获得指标测量值后，为使不同测量单位的指标间可以相互比较和集成，分别对 34 个国家的 19 个基础指标测量值面向 2022 年进行数值标准化处理。本书采用直线型无量纲标准化，标准化值规定的值域是 $[0, 100]$。用 Z_{ijt} 表示第 i 个国家第 j 项指标在 t 年的测量值（其中：$i = 1, 2, \cdots, 35$；$j = 1, 2, \cdots, 19$；$t \in [2011, 2022]$），计算如下：

$\max Z_{ijt}$（$i = 1, 2, \cdots, 35$；$t \in [2011, 2022]$）表示第 j 项指标 2011 ~ 2022 年 34 个国家的最大值；

$\min Z_{ijt}$（$i = 1, 2, \cdots, 35$；$t \in [2011, 2022]$）表示第 j 项指标 2011 ~ 2022 年 34 个国家的最小值。

记 $\overline{Z_{ijt}}$（$i = 1, 2, \cdots, 35$；$j = 1, 2, \cdots, 19$；$t \in [2011, 2022]$）表示第 i 个国家第 j 项指标在 t 年的标准化值，它的计算公式为：

$$\overline{Z_{ijt}} = \frac{Z_{ijt} - \min Z_{ijt}}{\max Z_{ijt} - \min Z_{ijt}} \times 100$$

8. 权重确定

指数和指标权重确定依据的基本原则是各指标在国家科技竞争力中的重要性。权重确定基于两类信息：专家判断和项目组的认识。首先邀请多个相关领域的专家组进行判断，给出权重，项目执行人员基于各专家的判断，剔除异常的判断，计算出平均意义的权重值，然后结合项目组讨论，最终确定每个指标权重和每个二级指数的权重。

9. 指数集成

国家科技竞争力指标体系见附表。

附表　　　　　　　　　　　国家科技竞争力指标体系

一级指数	二级指数	权重表示	三级指标	指标表示	权重表示
国家科技竞争力 X	科技竞争实力 x_1	w_1	国际期刊论文发表量	x_{11}	w_{11}
			国际期刊论文被引量	x_{12}	w_{12}
			本国居民专利授权量	x_{13}	w_{13}
			三方专利授权量	x_{14}	w_{14}
			PCT 专利申请量	x_{15}	w_{15}
			知识产权使用费收入	x_{16}	w_{16}
	科技竞争效力 x_2	w_2	单位研发投入国际期刊论文发表量	x_{21}	w_{21}
			单位研发投入国际期刊论文被引量	x_{22}	w_{22}
			单位研发投入本国居民专利授权量	x_{23}	w_{23}
			单位研发投入三方专利授权量	x_{24}	w_{24}
			单位研发投入 PCT 专利申请量	x_{25}	w_{25}
			单位研发投入知识产权使用费收入	x_{26}	w_{26}
			单篇国际期刊论文被引量	x_{27}	w_{27}
	科技竞争潜力 x_3	w_3	研究人员总数	x_{31}	w_{31}
			研发经费投入总额	x_{32}	w_{32}
			研发经费占 GDP 的比重	x_{33}	w_{33}
			每万人研究人员数	x_{34}	w_{34}
			每万人研发经费投入额	x_{35}	w_{35}
			每万名研究人员研发经费投入额	x_{36}	w_{36}

注：对标准化后指标值以及二级指数值和对应权重进行编号，其中指标和指数用 x 表示，权重用 w 表示。

权重关系满足和等于 1。三个二级指数的权重和为 1，即 $w_1 + w_2 + w_3 = 1$；每个二级指数下属的三级指标和为 1，即 $w_{11} + w_{12} + w_{13} + w_{14} + w_{15} + w_{16} = w_{21} + w_{22} + w_{23} + w_{24} + w_{25} + w_{26} + w_{27} = w_{31} + w_{32} + w_{33} + w_{34} + w_{35} + w_{36} = 1$

（1）二级指数计算：

国家科技竞争实力指数：$x_1 = x_{11} \times w_{11} + x_{12} \times w_{12} + x_{13} \times w_{13} + x_{14} \times w_{14} + x_{15} \times w_{15} + x_{16} \times w_{16}$

国家科技竞争效力指数：$x_2 = x_{21} \times w_{21} + x_{22} \times w_{22} + x_{23} \times w_{23} + x_{24} \times w_{24} + x_{25} \times w_{25} + x_{26} \times w_{26} + x_{27} \times w_{27}$

国家科技竞争潜力指数：$x_3 = x_{31} \times w_{31} + x_{32} \times w_{32} + x_{33} \times w_{33} + x_{34} \times w_{34} + x_{35} \times w_{35} + x_{36} \times w_{36}$

（2）一级指数计算：

国家科技竞争力指数：$X = x_1^{w_1} \times x_2^{w_2} \times x_3^{w_3}$

10. 结果分析

在对中国进行全面分析的基础上，对金砖国家（印度、巴西、俄罗斯和南非）以及主要发达国家（美国、日本、英国、法国、德国和韩国）进行了单独分析，并与 34 个国家的平均值及最大值进行了比较。

（1）趋势分析：

对中国和主要国家的科技竞争力指数、三个二级指数以及中国主要指标进行趋势分析，并面向 2022 年进行了预测分析。对比了观测国与 34 个国家平均值的趋势变化。

（2）比较分析：

基于标准化的指标值和计算得到的指数值，充分利用各种形式进行分析比较，以识别国家科技竞争力指数或三个二级指数值或增长率上 34 个国家的相对大小和位置，主要国家三个二级指数值或指标值相对 34 个国家平均和最大值研发经费数据缺失。

附录三　各指数值及排名

表 1　　　国家科技竞争力指数值（34 个国家 2022 年最高期望值 100）

国家	2011 年	2012 年	2013 年	2014 年	2015 年	2016 年	2017 年	2018 年	2019 年	2020 年	2021 年	2022 年
澳大利亚	10.28	10.89	11.35	12.05	12.54	13.22	13.70	14.35	15.00	15.64	16.71	17.48
奥地利	10.18	10.40	10.72	11.66	11.53	11.59	12.10	12.36	12.42	12.97	13.55	14.09
巴西	3.86	3.97	4.16	4.37	4.51	4.61	4.71	4.97	5.30	5.49	5.67	5.89
加拿大	11.77	12.25	12.91	13.93	13.79	14.25	14.65	15.12	15.65	16.49	17.26	17.92
智利	2.48	2.84	3.24	3.67	4.04	4.34	4.74	5.18	5.47	5.64	5.82	5.80
中国	11.04	12.41	13.87	15.88	18.78	21.99	24.66	26.46	28.01	28.75	28.55	28.46
捷克	3.86	4.16	4.55	5.12	5.36	5.64	5.73	5.93	6.28	6.51	6.86	7.12
丹麦	10.28	10.79	11.01	12.48	12.97	13.46	14.18	15.00	15.49	16.53	17.55	18.59
芬兰	10.65	11.15	11.44	12.28	11.53	12.14	12.74	13.53	13.43	13.32	14.37	14.74
法国	16.57	16.58	16.90	18.10	18.06	18.00	18.05	18.22	18.04	18.21	18.44	18.29
德国	22.57	22.65	23.54	25.44	24.98	25.86	26.21	27.15	27.02	27.84	28.67	29.44
希腊	3.79	3.99	4.11	4.45	4.47	5.01	4.96	5.12	5.30	5.44	5.51	5.63
匈牙利	3.97	4.03	4.24	5.03	5.14	5.18	5.12	5.37	5.38	5.43	5.72	5.89
印度	3.85	4.06	4.16	4.48	4.77	4.99	5.28	5.58	5.92	6.13	6.49	6.77
以色列	8.38	8.43	8.91	9.34	9.67	9.84	10.19	10.51	10.89	11.28	11.86	12.23
意大利	13.05	13.35	13.75	14.68	14.56	15.11	15.22	15.55	15.86	16.49	17.53	18.31
日本	36.31	37.34	37.14	37.87	37.27	38.32	38.89	39.35	39.44	38.81	38.42	37.84
马来西亚	1.49	1.88	2.16	2.38	2.45	2.73	3.18	3.61	4.03	4.46	4.89	5.29
墨西哥	2.24	2.57	3.15	3.40	3.48	3.41	3.60	3.90	4.16	4.14	4.44	4.58
荷兰	20.66	20.29	20.80	27.22	27.97	26.95	26.02	27.19	28.08	29.11	27.45	27.47
新西兰	5.28	5.38	5.69	5.93	5.94	6.21	6.46	6.56	6.87	7.10	7.26	7.39
挪威	6.78	7.14	7.67	8.25	8.52	9.03	9.41	9.74	10.04	10.40	11.02	11.37
波兰	3.87	4.14	4.38	4.76	5.05	5.36	5.50	5.76	6.16	6.51	6.95	7.37
葡萄牙	3.22	3.60	4.20	4.67	5.06	5.44	5.62	5.85	6.23	6.52	6.85	7.09
罗马尼亚	2.15	2.17	2.38	2.65	3.02	3.20	3.44	3.58	3.81	3.70	3.86	2.96
俄罗斯	3.36	3.70	3.78	3.96	4.03	4.24	4.58	4.85	5.15	5.36	5.60	4.35
新加坡	7.14	7.66	8.52	10.56	11.26	12.02	12.60	13.43	14.09	14.70	15.72	16.73
南非	3.45	3.66	3.71	4.08	4.13	4.39	4.68	4.98	5.18	5.29	5.45	5.64
韩国	17.39	18.69	19.79	20.38	20.47	20.77	21.88	22.55	23.49	24.20	25.24	26.14
西班牙	8.59	9.10	9.75	10.53	10.86	11.30	11.45	11.77	12.23	12.71	13.46	14.18
瑞典	16.42	17.25	16.78	18.34	18.37	18.23	18.74	19.14	19.61	20.14	20.83	21.39
瑞士	27.62	28.59	28.21	34.32	33.78	35.62	36.06	36.89	37.52	38.51	39.62	40.51
英国	16.45	16.81	17.34	19.25	19.60	19.66	20.46	21.25	21.94	21.88	22.40	22.79
美国	36.34	37.58	39.49	42.64	42.09	42.69	42.89	42.01	43.34	42.99	43.48	44.15

表 2 国家科技竞争力指数排名

国家	2011 年	2012 年	2013 年	2014 年	2015 年	2016 年	2017 年	2018 年	2019 年	2020 年	2021 年	2022 年
澳大利亚	15	14	14	15	14	14	14	14	14	14	14	14
奥地利	16	16	16	16	15	17	17	17	17	17	17	18
巴西	25	27	26	28	27	28	29	30	28	27	28	27
加拿大	11	12	12	12	12	12	12	12	12	12	13	13
智利	31	31	31	31	30	30	28	27	26	26	26	28
中国	12	11	10	10	8	6	6	6	5	5	5	5
捷克	24	22	22	22	22	22	22	22	22	24	23	23
丹麦	14	15	15	13	13	13	13	13	13	11	11	10
芬兰	13	13	13	14	16	15	15	15	16	16	16	16
法国	7	9	8	9	10	10	10	10	10	10	10	12
德国	4	4	4	5	5	5	4	5	6	6	4	4
希腊	27	26	28	27	28	26	27	28	29	28	30	30
匈牙利	22	25	24	23	23	25	26	26	27	29	27	26
印度	26	24	27	26	26	27	25	25	25	25	25	25
以色列	18	18	18	19	19	19	19	19	19	19	19	19
意大利	10	10	11	11	11	11	11	11	11	13	12	11
日本	2	2	2	2	2	2	2	2	2	2	3	3
马来西亚	34	34	34	34	34	34	34	33	33	32	32	31
墨西哥	32	32	32	32	32	32	32	32	32	33	33	32
荷兰	5	5	5	4	4	4	5	4	4	4	6	6
新西兰	21	21	21	21	21	21	21	21	21	21	21	21
挪威	20	20	20	20	20	20	20	20	20	20	20	20
波兰	23	23	23	24	25	24	24	24	24	23	22	22
葡萄牙	30	30	25	25	24	23	23	23	23	22	24	24
罗马尼亚	33	33	33	33	33	33	33	34	34	34	34	34
俄罗斯	29	28	29	30	31	31	31	31	31	30	29	33
新加坡	19	19	19	17	17	16	16	16	15	15	15	15
南非	28	29	30	29	29	29	30	29	30	31	31	29
韩国	6	6	6	6	6	7	7	7	7	7	7	7
西班牙	17	17	17	18	18	18	18	18	18	18	18	17
瑞典	9	7	9	8	9	9	9	9	9	9	9	9
瑞士	3	3	3	3	3	3	3	3	3	3	2	2
英国	8	8	7	7	7	8	8	8	8	8	8	8
美国	1	1	1	1	1	1	1	1	1	1	1	1

表 3　　　　国家科技竞争实力指数值（34 个国家 2022 年最高期望值 100）

国家	2011 年	2012 年	2013 年	2014 年	2015 年	2016 年	2017 年	2018 年	2019 年	2020 年	2021 年	2022 年
澳大利亚	3.01	3.26	3.55	3.92	4.28	4.66	4.96	5.32	5.79	6.13	6.62	7.11
奥地利	1.43	1.50	1.56	1.74	1.76	1.86	1.98	2.07	2.15	2.24	2.39	2.52
巴西	1.45	1.59	1.72	1.85	2.01	2.19	2.36	2.56	2.85	3.07	3.22	3.37
加拿大	5.10	5.37	5.84	6.18	6.17	6.40	6.78	7.21	7.77	8.07	8.57	8.99
智利	0.06	0.10	0.13	0.18	0.24	0.30	0.35	0.42	0.48	0.54	0.60	0.66
中国	15.27	17.75	20.35	23.78	28.82	35.12	40.72	45.45	52.14	55.51	57.81	60.98
捷克	0.44	0.50	0.57	0.68	0.76	0.82	0.83	0.86	0.95	0.98	1.04	1.07
丹麦	1.59	1.68	1.74	1.96	2.13	2.31	2.46	2.63	2.82	3.02	3.22	3.44
芬兰	1.69	1.81	1.88	1.83	1.68	1.81	1.95	2.13	2.20	2.11	2.32	2.40
法国	10.68	10.81	11.05	11.31	11.63	11.71	11.98	12.20	11.99	11.91	12.05	11.77
德国	15.81	16.66	17.85	18.74	19.74	21.27	21.99	23.38	23.74	24.83	26.27	27.76
希腊	0.41	0.44	0.48	0.54	0.56	0.61	0.63	0.66	0.72	0.74	0.78	0.83
匈牙利	0.59	0.59	0.62	0.66	0.64	0.65	0.65	0.72	0.74	0.71	0.74	0.74
印度	2.30	2.59	2.89	3.29	3.67	4.03	4.31	4.72	5.15	5.58	6.08	6.52
以色列	1.32	1.36	1.50	1.59	1.70	1.78	1.88	1.98	2.11	2.20	2.34	2.46
意大利	5.11	5.36	5.64	5.96	6.29	6.78	6.98	7.37	7.74	8.12	8.59	9.00
日本	37.16	38.82	38.89	39.77	39.25	40.82	42.10	43.07	43.45	42.09	43.05	43.06
马来西亚	0.21	0.30	0.36	0.42	0.47	0.53	0.62	0.66	0.70	0.78	0.85	0.89
墨西哥	0.30	0.35	0.40	0.46	0.53	0.58	0.62	0.69	0.78	0.85	0.90	0.98
荷兰	9.05	9.58	10.14	11.22	12.01	11.60	11.12	12.36	13.17	13.99	12.61	12.71
新西兰	0.39	0.41	0.46	0.52	0.58	0.61	0.65	0.70	0.78	0.84	0.87	0.91
挪威	0.65	0.71	0.79	0.89	0.95	1.07	1.17	1.22	1.31	1.33	1.42	1.48
波兰	0.89	0.98	1.08	1.23	1.37	1.55	1.67	1.81	1.94	2.05	2.24	2.43
葡萄牙	0.39	0.46	0.55	0.64	0.72	0.81	0.87	0.93	1.06	1.11	1.20	1.23
罗马尼亚	0.21	0.22	0.26	0.30	0.35	0.35	0.37	0.37	0.42	0.40	0.41	0.16
俄罗斯	1.79	1.93	2.00	2.16	2.33	2.56	2.78	3.00	3.14	3.21	3.19	3.45
新加坡	1.09	1.22	1.47	1.68	1.89	2.09	2.24	2.44	2.67	2.86	3.06	3.23
南非	0.32	0.39	0.43	0.50	0.56	0.65	0.72	0.80	0.88	0.95	1.02	1.12
韩国	8.69	9.73	10.36	10.79	11.24	11.62	12.43	13.24	14.32	14.70	15.77	16.51
西班牙	3.27	3.51	3.75	4.08	4.33	4.63	4.84	5.08	5.51	5.79	6.10	6.36
瑞典	3.65	4.01	4.22	4.68	4.67	4.69	4.91	5.06	5.44	5.51	5.75	5.95
瑞士	6.95	7.92	7.78	8.36	8.47	9.28	9.39	9.79	10.24	10.68	11.18	11.48
英国	11.93	12.57	13.41	14.20	14.91	15.05	16.13	17.03	18.11	17.92	18.35	18.64
美国	69.30	71.97	76.56	78.61	77.37	78.66	80.61	80.64	82.95	83.05	85.63	86.43

表 4   国家科技竞争实力指数排名

国家	2011 年	2012 年	2013 年	2014 年	2015 年	2016 年	2017 年	2018 年	2019 年	2020 年	2021 年	2022 年
澳大利亚	14	14	14	14	14	13	12	12	12	12	12	12
奥地利	20	20	20	20	20	20	20	21	21	20	20	20
巴西	19	19	19	18	18	18	18	18	17	17	17	18
加拿大	11	10	10	10	11	11	11	11	10	11	11	11
智利	34	34	34	34	34	34	34	33	33	33	33	33
中国	4	3	3	3	3	3	3	2	2	2	2	2
捷克	26	26	26	25	25	25	26	26	26	26	26	27
丹麦	18	18	18	17	17	17	17	17	18	18	16	17
芬兰	17	17	17	19	22	21	21	20	20	22	22	23
法国	6	6	6	6	7	6	7	8	8	8	8	8
德国	3	4	4	4	4	4	4	4	4	4	4	4
希腊	27	28	28	28	29	30	30	32	31	31	31	31
匈牙利	25	25	25	26	27	27	29	28	30	32	32	32
印度	15	15	15	15	15	15	15	15	15	14	14	13
以色列	21	21	21	22	21	22	22	22	22	21	21	21
意大利	10	11	11	11	10	10	10	10	11	10	10	10
日本	2	2	2	2	2	2	2	3	3	3	3	3
马来西亚	32	32	32	32	32	32	32	31	32	30	30	30
墨西哥	31	31	31	31	31	31	31	30	28	28	28	28
荷兰	7	8	8	7	6	8	8	7	7	7	7	7
新西兰	28	29	29	29	28	29	28	29	29	29	29	29
挪威	24	24	24	24	24	24	24	24	24	24	24	24
波兰	23	23	23	23	23	23	23	23	23	23	23	22
葡萄牙	29	27	27	27	26	26	25	25	25	25	25	25
罗马尼亚	33	33	33	33	33	33	33	34	34	34	34	34
俄罗斯	16	16	16	16	16	16	16	16	16	16	18	16
新加坡	22	22	22	21	19	19	19	19	19	19	19	19
南非	30	30	30	30	30	28	27	27	27	27	27	26
韩国	8	7	7	8	8	7	6	6	6	6	6	6
西班牙	13	13	13	13	13	14	14	13	13	13	13	14
瑞典	12	12	12	12	12	12	13	14	14	15	15	15
瑞士	9	9	9	9	9	9	9	9	9	9	9	9
英国	5	5	5	5	5	5	5	5	5	5	5	5
美国	1	1	1	1	1	1	1	1	1	1	1	1

表 5　　　　国家科技竞争效力指数值（34 个国家 2022 年最高期望值 100）

国家	2011 年	2012 年	2013 年	2014 年	2015 年	2016 年	2017 年	2018 年	2019 年	2020 年	2021 年	2022 年
澳大利亚	14.01	14.79	15.33	16.81	17.86	18.99	19.73	20.63	21.60	23.02	24.67	26.26
奥地利	21.28	21.11	21.67	23.58	23.60	22.72	23.83	23.77	23.40	24.87	25.77	26.77
巴西	4.63	4.78	4.90	5.09	5.17	5.42	5.55	5.82	6.14	6.29	6.53	6.82
加拿大	14.55	15.34	16.37	18.50	18.66	19.50	19.85	20.25	21.02	22.29	23.63	24.79
智利	20.11	20.17	21.24	23.41	24.90	25.82	28.00	29.21	32.17	32.57	33.42	33.45
中国	7.24	8.02	8.93	10.47	12.81	15.41	17.41	18.25	18.25	17.75	16.54	15.65
捷克	8.53	8.84	9.58	10.68	11.05	12.20	12.05	12.14	12.76	13.37	13.97	14.68
丹麦	18.78	20.05	20.30	24.38	25.23	25.77	27.54	29.28	30.22	32.81	35.11	37.86
芬兰	18.80	20.25	21.00	24.89	24.21	26.12	27.22	28.72	27.56	27.31	29.23	30.02
法国	17.81	17.80	18.08	20.39	20.43	20.15	19.86	19.77	19.62	19.75	19.64	19.43
德国	23.69	23.15	23.89	26.80	25.44	25.91	25.50	25.87	25.29	26.25	26.39	26.83
希腊	11.02	11.72	11.07	12.02	11.20	13.78	12.30	12.40	12.34	12.21	11.37	11.08
匈牙利	8.82	9.00	9.24	12.53	13.42	13.98	12.98	12.43	11.95	12.16	12.38	12.64
印度	5.20	5.40	5.42	5.73	6.05	6.24	6.53	6.91	7.33	7.60	7.95	8.28
以色列	13.77	13.64	14.10	14.71	15.09	14.84	15.07	15.29	15.36	15.80	16.48	16.87
意大利	21.51	22.00	22.36	24.42	24.05	24.49	24.19	23.80	23.91	24.98	26.57	28.15
日本	34.41	35.77	35.14	35.99	36.10	37.08	37.30	37.36	37.27	36.63	35.75	35.02
马来西亚	2.59	3.19	3.60	3.89	3.81	4.34	5.28	6.41	7.68	8.79	9.86	11.08
墨西哥	5.94	7.37	9.31	9.95	10.07	9.65	9.96	10.80	11.30	11.45	11.84	12.18
荷兰	31.93	29.84	28.86	46.27	48.24	45.38	42.75	43.32	44.20	45.06	41.58	40.92
新西兰	16.56	16.68	17.37	16.93	15.67	16.35	16.82	16.38	16.51	16.60	16.50	16.22
挪威	15.44	16.20	17.38	19.02	19.37	20.18	20.31	21.06	21.34	22.00	23.09	24.10
波兰	7.77	7.94	8.30	8.69	9.06	9.48	9.03	8.75	9.31	9.88	10.20	10.48
葡萄牙	6.11	7.14	8.99	10.17	11.28	11.87	11.80	11.98	12.36	12.62	13.10	13.73
罗马尼亚	7.98	7.89	8.92	10.81	12.42	12.81	13.76	14.37	15.26	15.05	15.61	16.28
俄罗斯	2.92	3.35	3.43	3.58	3.55	3.78	4.24	4.58	5.07	5.42	5.78	3.35
新加坡	12.85	14.04	15.43	21.36	22.29	24.18	25.87	27.90	28.59	30.09	32.04	34.94
南非	12.27	12.76	12.85	14.06	13.82	14.42	14.79	16.34	17.91	18.91	19.90	21.24
韩国	20.29	21.25	22.60	22.84	22.60	22.71	23.40	23.29	23.92	24.65	25.36	26.27
西班牙	12.31	13.57	15.05	16.80	17.67	18.37	18.05	18.09	18.58	19.05	19.74	20.35
瑞典	28.84	30.17	27.26	30.91	31.41	30.61	30.97	31.72	31.80	32.83	33.18	33.42
瑞士	52.91	52.91	51.58	72.42	70.06	74.09	75.40	75.88	76.22	77.52	78.26	78.39
英国	18.01	18.39	18.55	21.66	21.90	22.15	22.94	23.48	24.08	24.19	24.42	24.84
美国	22.43	23.32	24.72	28.07	27.23	27.42	26.87	25.14	25.66	24.66	24.83	24.96

表 6 　　　　　　　　　　　国家科技竞争效力指数排名

国家	2011 年	2012 年	2013 年	2014 年	2015 年	2016 年	2017 年	2018 年	2019 年	2020 年	2021 年	2022 年
澳大利亚	18	18	19	19	18	18	18	16	15	15	14	13
奥地利	8	9	9	10	11	12	12	12	14	11	11	11
巴西	32	32	32	32	32	32	32	33	33	33	33	33
加拿大	17	17	17	17	17	17	17	17	17	16	16	16
智利	10	11	10	11	8	8	5	6	4	6	5	6
中国	28	26	28	27	24	21	20	19	20	21	21	24
捷克	25	25	24	26	28	27	27	27	25	25	25	25
丹麦	12	12	12	9	7	9	6	5	6	5	4	3
芬兰	11	10	11	7	9	6	7	7	8	8	8	8
法国	14	14	14	15	15	16	16	18	18	18	20	20
德国	5	6	6	6	6	7	10	9	10	9	10	10
希腊	23	23	23	24	27	25	26	26	27	27	29	29
匈牙利	24	24	26	23	23	24	25	25	28	28	27	27
印度	31	31	31	31	31	31	31	31	32	32	32	32
以色列	19	20	21	21	21	22	22	23	23	23	23	21
意大利	7	7	8	8	10	10	11	11	13	10	9	9
日本	2	2	2	3	3	3	3	3	3	3	3	4
马来西亚	34	34	33	33	33	33	33	32	31	31	31	30
墨西哥	30	29	25	29	29	29	29	29	29	29	28	28
荷兰	3	4	3	2	2	2	2	2	2	2	2	2
新西兰	15	15	16	18	20	20	21	21	22	22	22	23
挪威	16	16	15	16	16	15	15	15	16	17	17	17
波兰	27	27	30	30	30	30	30	30	30	30	30	31
葡萄牙	29	30	27	28	26	28	28	28	26	26	26	26
罗马尼亚	26	28	29	25	25	26	24	24	24	24	24	22
俄罗斯	33	33	34	34	34	34	34	34	34	34	34	34
新加坡	20	19	18	14	13	11	9	8	7	7	7	5
南非	22	22	22	22	22	23	23	22	21	20	18	18
韩国	9	8	7	12	12	13	13	14	12	13	12	12
西班牙	21	21	20	20	19	19	19	20	19	19	19	19
瑞典	4	3	4	4	4	4	4	4	5	4	6	7
瑞士	1	1	1	1	1	1	1	1	1	1	1	1
英国	13	13	13	13	14	14	14	13	11	14	15	15
美国	6	5	5	5	5	5	8	10	9	12	13	14

表 7　　国家科技竞争潜力指数值（34 个国家 2022 年最高期望值 100）

国家	2011 年	2012 年	2013 年	2014 年	2015 年	2016 年	2017 年	2018 年	2019 年	2020 年	2021 年	2022 年
澳大利亚	29.96	30.91	30.68	28.24	25.93	25.55	25.22	25.65	25.11	24.30	25.29	24.33
奥地利	30.67	32.19	33.17	34.71	32.32	33.44	33.54	35.12	35.30	35.36	36.80	37.33
巴西	10.57	9.91	10.39	10.86	10.82	9.48	8.83	9.03	9.36	9.30	9.31	9.38
加拿大	24.28	24.07	23.44	23.16	21.68	21.58	21.79	22.12	21.39	22.69	22.51	22.40
智利	3.39	3.46	3.81	3.24	2.93	2.70	2.79	2.98	2.52	2.37	2.23	1.88
中国	19.48	21.60	23.44	24.52	25.69	26.53	27.72	29.73	32.16	35.78	38.77	40.47
捷克	13.92	15.26	16.14	16.79	16.33	14.86	16.10	17.74	18.12	18.59	19.69	20.17
丹麦	37.46	37.19	37.80	37.71	37.08	37.32	37.22	38.35	37.42	38.27	39.48	39.45
芬兰	40.90	38.34	37.58	36.47	32.38	31.08	31.92	33.10	33.60	35.21	37.59	37.95
法国	26.71	26.40	27.02	27.19	25.68	25.86	26.29	27.11	27.00	28.14	29.85	30.49
德国	34.08	33.98	34.37	35.30	33.99	34.54	36.53	38.31	38.68	38.30	40.22	40.55
希腊	7.47	7.32	8.64	8.90	10.04	9.52	11.35	12.17	12.85	14.41	16.74	18.30
匈牙利	9.43	9.78	10.86	10.90	10.47	9.69	11.15	13.43	14.21	15.35	17.84	19.59
印度	3.96	3.89	3.70	3.86	3.89	3.93	4.20	4.23	4.27	4.12	4.32	4.32
以色列	38.70	39.16	41.11	42.55	43.19	45.81	48.45	50.34	53.85	56.43	59.47	60.65
意大利	15.26	15.03	15.50	15.89	14.60	15.03	15.41	16.45	16.66	16.88	18.07	18.12
日本	40.13	39.23	39.81	39.93	37.33	37.86	38.32	39.14	39.26	39.73	38.76	37.80
马来西亚	7.25	7.87	8.59	9.34	9.53	10.07	10.39	10.91	11.18	11.16	11.78	12.05
墨西哥	3.99	3.76	4.56	4.69	4.18	3.59	3.89	4.15	4.18	3.52	4.18	4.04
荷兰	23.99	23.87	26.95	27.29	25.46	25.93	26.91	27.70	28.14	29.31	31.25	32.24
新西兰	14.92	14.96	15.17	16.62	17.36	17.73	18.29	19.13	19.90	20.69	22.60	24.03
挪威	29.21	29.30	29.92	28.68	29.11	29.77	31.45	32.13	32.38	34.85	37.37	37.12
波兰	6.15	7.04	7.24	8.04	8.29	8.27	9.56	11.52	12.37	12.97	14.59	16.23
葡萄牙	15.26	14.17	13.33	13.24	12.65	13.43	14.46	15.38	16.08	17.81	18.49	18.86
罗马尼亚	2.72	2.59	2.41	2.08	2.27	2.73	3.08	3.31	3.21	3.17	3.41	3.41
俄罗斯	12.38	12.54	12.57	12.66	12.62	11.99	11.72	11.52	11.26	11.30	12.01	11.85
新加坡	27.60	26.53	27.11	28.64	29.62	28.88	27.85	27.93	29.13	28.58	30.84	31.34
南非	5.06	4.70	4.17	4.38	4.11	3.99	4.41	3.98	3.33	2.90	2.63	2.32
韩国	33.50	36.10	37.50	39.78	39.27	39.66	43.20	46.20	47.12	48.79	50.55	51.40
西班牙	14.90	13.93	13.80	13.59	12.78	12.77	13.37	14.16	14.21	15.02	16.96	19.19
瑞典	38.34	37.97	39.55	38.60	37.44	38.17	39.85	39.91	40.17	41.50	44.83	47.75
瑞士	43.10	42.09	43.09	44.13	43.45	42.95	42.98	44.43	44.77	45.84	48.19	51.55
英国	21.27	20.78	21.54	22.63	22.37	21.82	21.98	23.07	23.20	22.95	24.35	24.83
美国	46.11	46.71	47.20	48.44	50.18	51.62	53.60	57.05	60.67	64.27	63.85	67.05

表 8 国家科技竞争潜力指数排名

国家	2011 年	2012 年	2013 年	2014 年	2015 年	2016 年	2017 年	2018 年	2019 年	2020 年	2021 年	2022 年
澳大利亚	11	11	11	13	13	16	16	16	16	16	16	17
奥地利	10	10	10	10	10	9	9	9	9	10	12	11
巴西	25	25	26	26	25	28	29	29	29	29	29	29
加拿大	15	15	16	17	18	18	18	18	18	18	19	19
智利	33	33	32	33	33	34	34	34	34	34	34	34
中国	18	17	17	16	14	13	13	12	12	9	8	7
捷克	23	19	19	19	20	21	20	20	20	20	20	20
丹麦	7	7	6	7	7	7	7	7	8	8	7	8
芬兰	3	5	7	8	9	10	10	10	10	11	10	9
法国	14	14	14	15	15	15	15	15	15	15	15	15
德国	8	9	9	9	8	8	8	8	7	7	6	6
希腊	27	28	27	28	27	27	25	25	25	25	25	24
匈牙利	26	26	25	25	26	26	26	24	24	23	23	21
印度	32	31	33	32	32	31	31	30	30	30	30	30
以色列	5	4	3	3	3	2	2	2	2	2	2	2
意大利	20	20	20	21	21	20	21	21	21	22	22	25
日本	4	3	4	4	6	6	6	6	6	6	9	10
马来西亚	28	27	28	27	28	25	27	28	28	28	28	27
墨西哥	31	32	30	30	30	32	32	31	31	31	31	31
荷兰	16	16	15	14	16	14	14	14	14	13	13	13
新西兰	21	21	21	20	19	19	19	19	19	19	18	18
挪威	12	12	12	11	12	11	11	11	11	12	11	12
波兰	29	29	29	29	29	29	28	27	26	26	26	26
葡萄牙	19	22	23	23	23	22	22	22	22	21	21	23
罗马尼亚	34	34	34	34	34	33	33	33	33	32	32	32
俄罗斯	24	24	24	24	24	24	24	26	27	27	27	28
新加坡	13	13	13	12	11	12	12	13	13	14	14	14
南非	30	30	31	31	31	30	30	32	32	33	33	33
韩国	9	8	8	5	5	4	4	3	3	3	3	4
西班牙	22	23	22	22	22	23	23	23	23	24	24	22
瑞典	6	6	5	6	5	5	5	5	5	5	5	5
瑞士	2	2	2	2	2	3	4	4	4	4	4	3
英国	17	18	18	18	17	17	17	17	17	17	17	16
美国	1	1	1	1	1	1	1	1	1	1	1	1